AF453264

J. HABERT
CAPITAINE COMMANDANT AU 15e RÉGIMENT DE CHASSEURS

NOTICE

SUR LE

RADEAU-SAC

ET CONSIDÉRATIONS GÉNÉRALES

SUR LES PASSAGES DE COURS D'EAU

Avec 3 Figures et 22 Photogravures

CHALONS SUR MARNE

IMPRIMERIE MARTIN FRÈRES, PLACE DE LA RÉPUBLIQUE 56.

1900

NOTICE

RADEAU-SAC

ET

CONSIDÉRATIONS GÉNÉRALES SUR LES PASSAGES DE COURS D'EAU

J. HABERT

CAPITAINE-COMMANDANT AU 15ᵉ RÉGIMENT DE CHASSEURS

NOTICE

SUR LE

RADEAU-SAC

ET CONSIDÉRATIONS GÉNÉRALES

SUR LES PASSAGES DE COURS D'EAU

Avec 3 Figures et 22 Photogravures

CHALONS-SUR-MARNE

IMPRIMERIE MARTIN FRÈRES, PLACE DE LA RÉPUBLIQUE 59.

1900

TABLE DES MATIÈRES

RADEAUX HABERT

—

RECTIFICATIONS ET NOTES COMPLÉMENTAIRES

À LA

NOTICE SUR LE « RADEAU-SAC »

—

Page 29. — Après le 1er paragraphe ajouter : « Mais il paraît cependant plus pratique de placer le radeau sur la selle à la place du manteau et de faire porter en sautoir ce dernier effet qui est plus léger. »

Page 30. — 1er paragraphe — rectifier le chiffre 0.20 par le chiffre 0.40.

Page 33. — Après la 10e ligne, mettre : Les expériences exécutées récemment à Créteil devant le Comité de Cavalerie ont permis de constater que 2 hommes exercés, assis l'un derrière l'autre sur le radeau et un peu en dehors de l'axe, peuvent, à l'aide d'une pelle de sapeur chacun qu'ils manient l'un à droite, l'autre à gauche, traverser facilement, sans dériver, un courant de 1ᵐ 50 à 2ᵐ.

Une expérience encore plus concluante vient d'être faite à Avignon.

Deux radeaux montés chacun par 2 pontonniers armés de pelles ont traversé avec la plus grande facilité et avec une grande sécurité le bras vif du Rhône, large de 180ᵐ, avec un courant de 2ᵐ 50 au thalweg.

Il n'y a donc pas lieu, à l'habitude, de s'attarder à constituer une pagaie.

Page 35. — Après le dernier paragraphe, ajouter : et celui de la Marne à Créteil. Le radeau, en effet, étant pris de travers, se penche et menace de fuir sous les fesses. C'est une opération qui demande de l'exercice. Les hommes qui halent ont une tendance à se pendre après la cinquenelle et favorisent ainsi cette fuite du radeau. Le haleur doit, au contraire, s'identifier avec l'appareil. Bien assis sur la toile et se consolidant des chevilles, il doit ramener et maintenir le radeau le long de la cinquenelle par une pression des fesses dans cette direction. Les autres hommes cherchent à faire un peu contre-poids du côté opposé.

Le haleur agira bien en plaçant la cinquenelle sous son bras et en opérant sur elle une traction *horizontale* sans chercher à aller trop vite.

S'il s'agit d'une portière, la position du haleur reste la même sur le radeau interne, les hommes faisant contre poids sur le radeau externe.

Si l'on se sert d'une poulie roulant sur un câble métallique, il faut relier cette poulie au radeau par un petit câble O A fixé non plus au bec mais autour du radeau vers son extrémité, de manière à donner à l'appareil une obliquité permanente et suffisante pour qu'il soit poussé à la rive par le courant.

On ne peut d'ailleurs opérer de cette façon que dans un courant *supérieur* à un mètre.

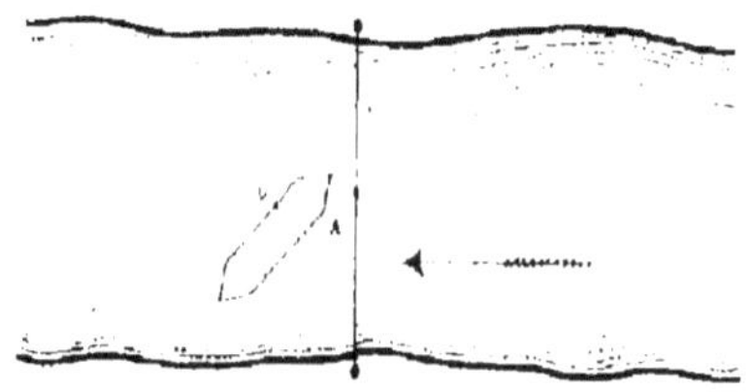

L'habitude qu'on a de ne faire les exercices de passages de cours d'eau qu'en été, dans des eaux tranquilles, et de tout préparer à l'avance à l'aide de moyens dont on ne disposerait pas en campagne, a fait perdre de vue que l'opération d'installer un va et vient quelconque, était peu facile et qu'elle devenait très difficultueuse dans de forts courants et quand la rivière a plus de 50ᵐ de largeur. Et cela, avec n'importe quel bateau.

Il est inutile de la tenter avec des gens non rompus tout d'abord à la conduite du *radeau-sac* à travers un courant.

Qu'il s'agisse d'installer des cordes de va et vient ou

une cinquenelle, il est indispensable de se servir pour cette opération d'un cordage plus léger, d'un filin, qui doit permettre de tirer la cinquenelle d'un bord à l'autre. Le poids de la cinquenelle ne permet pas de la tendre de prime abord. Il est nécessaire d'attacher l'une de ses extrémités à un filin que l'on déroule en traversant de A en B la cinquenelle roulée sur un rouleau en bois et placée sur le radeau qui traverse. Une fois en B, un marinier la fixe à un pieu ou à un arbre et, à l'aide du filin, les mariniers restés en **A** tirent l'autre extrémité de B où on la fixe également. A Créteil, malgré la violence du courant qui attirait en aval avec une force surprenante le ventre V du filin que l'on déroulait, le radeau-sac, monté par 2 pagayeurs, est parvenu à porter le bout du filin du point A à un point R situé à 20ᵐ de la rive opposée (à **70**ᵐ de A)

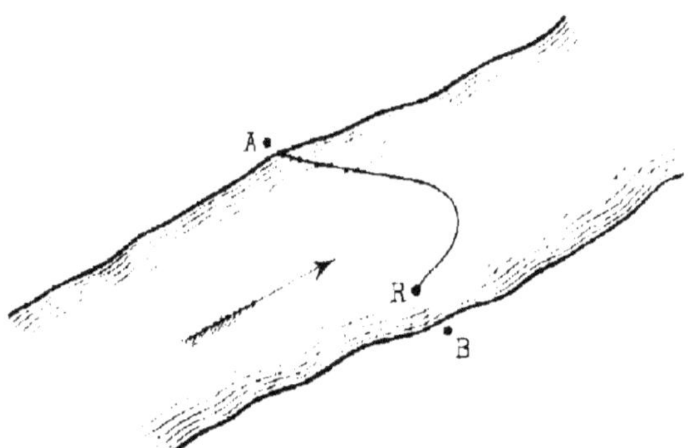

Les expériences faites depuis ont démontré qu'il y avait avantage à dérouler à l'avance et à disposer à terre dans toute leur longueur : 1ᵒ sur la rive A, le filin, 2ᵒ sur la rive B, la cinquenelle.

Toutes les fois également qu'on aura sur la rive de départ la possibilité d'élever le filin au-dessus du sol en se servant d'un arbre, d'une échelle, de lances en croix d'un monticule, etc., on facilitera beaucoup l'opération, puisque le filin sera soustrait ainsi sur une certaine longueur à la pression de l'eau.

Page 43 — Après le 5e paragraphe, ajouter : 2 planches sont très suffisantes dans la plupart des cas sans qu'il soit nécessaire de mettre un plancher complet. Elles donnent de la rigidité au système. Les hommes ont, en effet, une tendance à se rapprocher de la ligne médiane X Y au lieu de rester sur l'axe de chaque radeau et finissent ainsi par déterminer *vers l'intérieur* une pente susceptible de faire plonger cette partie dans l'eau.

2 fusils, 2 perches ou rondins, des lances, rempliraient le même rôle que les planches.

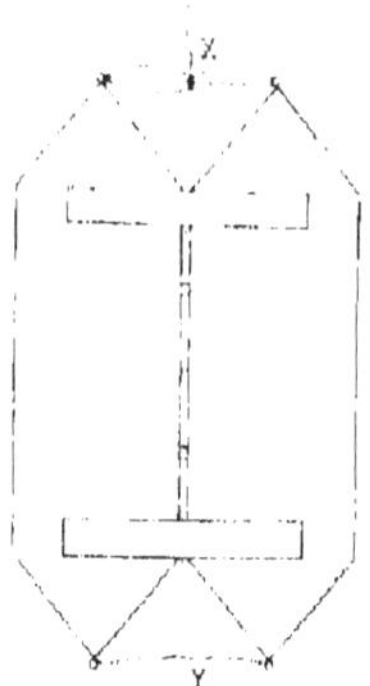

Page 52. — Les expériences faites à Lunéville ont été de nature à démontrer que l'on pourrait également

construire avec les radeaux des ponts *improvisés* de quelques travées.

Un pont de 30^m a été établi à l'aide de 2 radeaux de 44 sacs à distribution chacun et d'un radeau intermédiaire constitué par une portière de 5 radeaux Habert.

Sur ce pont, on a fait passer :

Une pièce d'artillerie et son avant-train vide.............................. 1400 k.
12 hommes représentant les servants et l'avant-train chargé.............. 840 k.
Les 6 chevaux attelés................ 4000 k.

                        Total...... 6250 k. environ.

Cette expérience peut servir d'utile indication.

Page 54. — Après le 4e paragraphe, mettre : « Les expériences faites depuis à Lunéville, à Châlons et à Créteil ont démontré toute la puissance de support des radeaux. On a pu exécuter sur eux le transbordement de toute une batterie d'artillerie et celui d'un fourgon-forge de cavalerie.

Il paraît probable qu'une voiture à 2 roues de train de combat peut être transbordée sur 2 radeaux seulement portant sur leur axe une planche unique pour chaque roue. Peut-être même y arriverait-on en mettant les roues à *pleine toile sans aucune planche.*

Il y aurait intérêt à tenter ces expériences que je n'ai pas eu l'occasion d'exécuter et à déterminer ainsi le minimum du matériel à employer de ce côté.

À Lunéville et à Châlons, le passage de l'artillerie s'est exécuté sur 5 radeaux disposés de la façon suivante. (V. *Armée et Marine* du 30 Septembre 1900.)

3 radeaux 1, 2, 3, accolés, 4 et 5 aux extrémités; le tout brêlé avec des cordes à fourrage. Deux perches de 4ᵐ A, B, C, D, entre 1 et 2 et entre 2 et 3 au dessus des anneaux; ces perches de 4ᵐ ayant pour but d'équilibrer le poids du tablier et d'en répartir une partie sur 4 et 5.

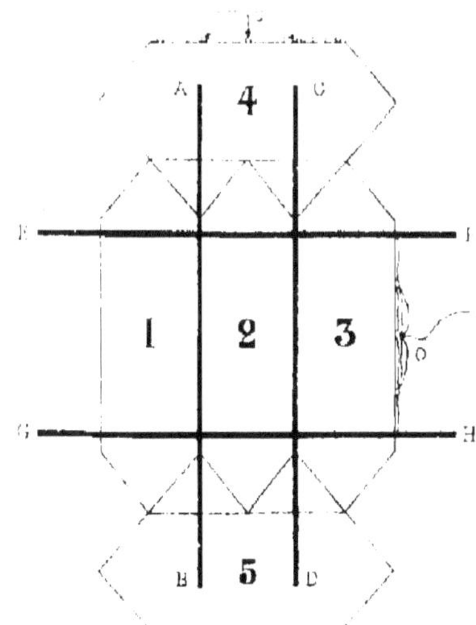

Sur ces 2 perches brêlées aux anneaux et aux cordages passant déjà dans ces anneaux, 2 autres perches de 4ᵐ EF, GH, perpendiculaires aux premières, ne reposant que sur les sacs 1, 2, 3, et brêlées avec les perches A, B, C, D, en leurs points de croisement.

Sur ces poutrelles EF, GH, et perpendiculairement, un plancher avec des madriers jointifs de 4ᵐ, le tout brêlé.

Cette portière peut se tirer par un des bouts ou par un des côtés à l'aide d'un cordage fixé soit en O, soit en O' au milieu d'une corde passant dans tous les anneaux de ce côté ou de ce bout.

Des gaffes ou des lances servent, s'il y a lieu, à faire évoluer le système et à le faire virer sur l'autre bord pour présenter le timon de la voiture à décharger.

Le radeau portait une pièce et son avant-train disposés comme sur le truc dans l'embarquement en chemin de fer. Un caisson chargé a également été transbordé.

Si l'on ne dispose que de 4 radeaux on supprime un des radeaux 4 ou 5. On a ainsi un rectangle de 3.45 sur 3.85 qui paraît devoir suffire pour le chargement de la pièce et de son avant-train ou tout au moins de la pièce seule. Le plancher est disposé suivant les mêmes principes.

A expérimenter...

A Créteil, le fourgon-forge a été transbordé sur 6 radeaux 1, 2, 3, 4, accolés, 5 et 6 assurant la stabilité latérale. 5 radeaux paraissent devoir suffire au chargement dans le sens *x*. *y*. de la figure précédente.

A expérimenter également.

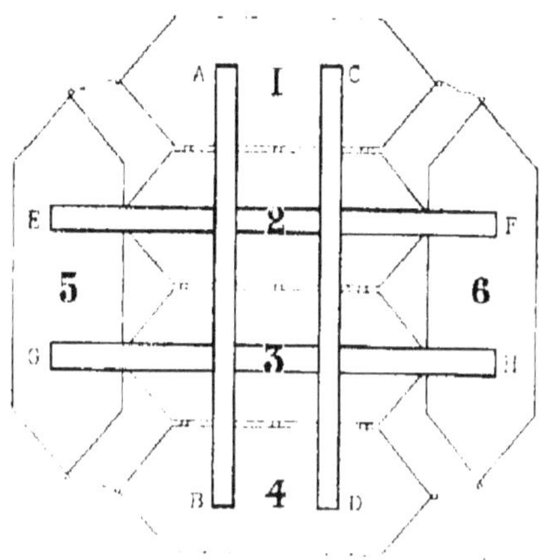

Le plancher avait été réduit au strict nécessaire pour le placement des roues et pour assurer la répartition du poids sur tous les radeaux, savoir : 2 madriers A. B. C. D. reposant sur 2 madriers E. F. G. H.

A. B. C. D. étaient constitués chacun de 2 madriers jointifs et brêlés ensemble, qui offraient ainsi un peu plus de largeur aux roues.

Page 57. — Modifier le 4° paragraphe de la façon suivante : Cette fermeture se compose d'un rabattement en toile de 0.30 de hauteur, cousu tout autour de l'ouverture. Après avoir lacé cette ouverture, on dresse perpendiculairement en face l'une de l'autre les 2 parties du rabattement, on fait de chaque côté un pli diagonal de *bas en haut*, puis on replie complètement et horizontalement les côtés vers l'intérieur. Enfin, on enroule ferme tout le rabattement jusqu'au bas et de manière à obtenir le plus petit rouleau possible. Ce rouleau est maintenu en place par 3 courroies en toile de sangle que l'on noue au moyen d'un nœud droit.

Page 67. Après le 3e paragrahe ajouter : La meilleure manière de conserver les radeaux me parait être de les laisser tout simplement suspendus en hamac par leurs anneaux dans des endroits secs et aérés.

DISPOSITIONS

DE

DÉTAIL A PRENDRE POUR LE PASSAGE D'UNE TROUPE.

1ʳ PASSAGE D'UNE PATROUILLE DE 8 HOMMES ET UN GRADÉ.

1° *voyage* : 2 cavaliers passent sur l'autre rive pour établir le va et vient ; ils emportent leurs armes.

2° *voyage* : 2 cavaliers passent avec leurs armes et leurs harnachements ; l'un d'eux face à l'arrière tire un cheval conducteur derrière lequel les autres chevaux sont poussés en harde de la façon suivante :

Le groupe des chevaux est rassemblé à quelques mètres du bord ; le gradé tient 4 chevaux, les 4 cavaliers en tiennent chacun un, l'engagent derrière le conducteur, reprennent *rapidement* un cheval des mains du gradé et l'engagent *aussitôt* derrière les précédents de façon qu'il n'y ait aucune interruption.

Les chevaux sont reçus sur l'autre rive par 2 des cavaliers déjà passés et par le cavalier conducteur qui devient libre en abandonnant de suite le radeau qui continue à être maintenu par un cavalier.

3° *voyage* : Réservé aux harnachements restants.

4° *voyage* : Exécuté par les 5 derniers cavaliers avec leurs armes.

Nota : La patrouille étant en groupe peu nombreux, trouvera *le plus souvent* avantage à faire passer successivement tous ses chevaux à la longe par 2 à la fois au besoin. Aucun risque de cette façon d'en voir s'échapper.

2° Passage d'un peloton isolé.

Le va et vient étant établi comme ci-dessus :

La 1re escouade fait tenir ses chevaux (1 par homme) par des hommes des autres escouades et passe sur l'autre rive.

Ses harnachements, puis ses chevaux lui sont envoyés. Ces derniers sont confiés sur l'autre rive à 2 hommes.

La 2° escouade passe ensuite *la moitié* de ses hommes puis ses harnachements.

Tous les chevaux restants du peloton sont ensuite transbordés. Ils sont reçus par les hommes disponibles des 2 premières escouades. Le reste de l'escouade passe ensuite, puis les harnachements de la 3° escouade et enfin les hommes de cette dernière escouade.

Nota : De même que la patrouille, le peloton isolé trouvera avantage, dans la plupart des cas, à faire passer successivement tous ses chevaux à la longe. Tout dépend naturellement des circonstances.

2° Passage d'un escadron.

Deux méthodes peuvent être employées, que l'escadron dispose de un ou de plusieurs radeaux.

1° Chaque peloton opère sur lui-même comme ci-dessus.

2° Le 1re peloton fait tenir ses chevaux (1 homme par cheval) par des cavaliers des 3e et 4e pelotons et passe ensuite sur l'autre rive.

Tous ses chevaux lui sont ensuite envoyés, puis ses harnachements.

Le 2e peloton fait tenir ses chevaux par les hommes ci-dessus redevenus disponibles et passe dans les mêmes conditions que le premier.

Le 3e peloton embarque la moitié de ses hommes dont les chevaux sont tenus par des hommes du 4e.

Tous les chevaux du peloton, et les harnachements sont ensuite successivement transbordés, puis la 2e partie du peloton.

On fait ensuite passer tous les chevaux du 4e peloton et les harnachements de ce peloton.

Il ne reste plus alors sur la rive de départ que les hommes du 4e peloton qui passent à leur tour.

Un escadron isolé disposant de 4 radeaux peut faire passer ses pelotons sur 4 points, avec une très grande rapidité ou sur 2 points en se servant de radeaux accolés, ou sur un point seulement, s'il ne dispose que de 2 radeaux.

Nota : Les circonstances (jeunes chevaux, chevaux de

réquisition non exercés) etc., peuvent obliger également l'escadron à tirer successivement des groupes de chevaux à la longe ; c'est facile derrière des portières et très pratique en tous cas, pour l'instruction en temps de paix des chevaux à la nage, mais cette réflexion m'en amène une autre à l'esprit. Peut-être serait-il aisé d'augmenter le *rendement* des radeaux sous ce rapport.

On pourrait *expérimenter* le procédé suivant (avec ou sans plancher).

Une portière pouvant être tirée tout aussi facilement par *front de radeau*, c'est-à-dire par côté, les hommes pourraient être disposés comme l'indique la figure ci-dessous les fesses un peu en dehors de l'axe, les jambes allongées dans la direction de la flèche, 8 hommes pourraient ainsi tirer leurs 8 chevaux. Le même jeu de longe servirait pour toute l'unité.

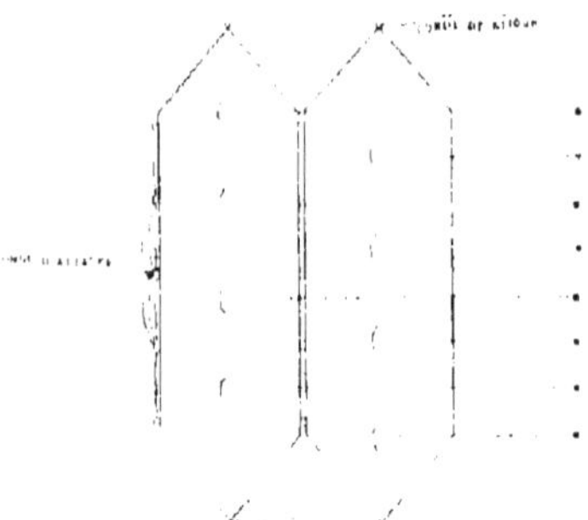

Dans le même ordre d'idées, avec 3 radeaux, on pourrait opérer de la même façon, le 3e radeau portant les harnachements). Donc d'un coup 8 hommes, 8 harnachements, 8 chevaux).

MODE D'EMBARQUEMENT SUR LES PORTIÈRES.

Conforme à la notice p. 48 et 49.

Ajouter à la fin du passage, l'observation suivante :

Si les chevaux passent sellés ou si l'on veut faire pour les harnachements des voyages spéciaux, les portières sont chargées à 15 hommes, 5 sur chaque radeau. Les hommes se présentent en file de 3 rangs devant les radeaux et la portière transborde d'un coup tous les harnachements d'un peloton

Nota : Toutes les indications données *pour le tranport des harnachements* disparaissent naturellement d'elles-mêmes si les chevaux passent sellés et l'opération s'exécute moitié plus vite.

4° PASSAGE D'UN RÉGIMENT, ETC

Sur autant de points qu'il y a d'escadrons ou d'avantage si c'est possible ; chaque escadron opérant sur lui-même pour son compte, ou par demi-régiment avec les radeaux d'un escadron, etc., suivant le nombre de points favorables.

Châlons, le 1er Mai 1901.

J. HABERT.

Châlons. imp. MARTIN frères.

AVANT-PROPOS

Quinze régiments de cavalerie et un régiment d'infanterie ont expérimenté cette année mon appareil de passage de cours d'eau.

De démonstrations pratiques ont en outre été faites dans quelques autres régiments.

Les expérimentateurs ont paru satisfaits.

Mais ces expériences m'ont astreint, pour la plupart, à une correspondance très longue, comportant des envois de photographies et de notes de toute nature.

Malgré mes efforts, chacun des renseignements envoyés ne pouvait être complet.

Je me suis donc décidé à rédiger la présente *Notice*. Elle résume ce qui a trait à mon appareil tout en entrant dans les détails utiles pour ceux qui ne l'ont pas vu fonctionner.

Cet opuscule n'est point destiné, en principe, à entrer en librairie ; il ne s'adresse qu'à mes camarades de l'armée.

Aussi, l'ai-je écrit *currente calamo*, sous la forme d'une conférence, d'une conversation.

Apôtre du *radeau-ske*, j'ai déjà fait quelques prosélytes. Ceux-là en feront d'autres ; je me plais, du moins, à l'espérer.

Châlons-sur-Marne, Décembre 1899.

H.

NOTICE

DE LA

RADEAU-SAC

ET CONSIDÉRATIONS GÉNÉRALES

SUR LES PASSAGES DE COURS D'EAU

I.

CONSIDÉRATIONS GÉNÉRALES SUR LES PASSAGES DE COURS D'EAU.

Les exercices annuels de passage des cours d'eau faits par la cavalerie prouvent que cette arme est entrée résolument, de ce côté, dans la voie des recherches et des expériences. Mais elle n'a pas encore trouvé le procédé simple et pratique, léger, pratique et facile à transporter, qui doit lui permettre de franchir aisément et rapidement ces gros obstacles, et la mettre à même de remplir, avec plus d'indépendance encore, sa délicate et difficile mission.

Et cependant, on a essayé de tout, les cinquenelles,

les poulies, les bouées, les radeaux de toute nature, les outres gonflées avec des pompes à *pneu*, les dessus de fourgons, etc...

Un officier eut l'idée, il y a quelques années, d'utiliser comme flotteurs les sacs en toile cachou qu'on venait d'adopter.

Le matériel était nouveau, mais la méthode ne l'était pas. Elle datait de 2.000 ans, du temps des radeaux de joncs, des canots d'osier, des outres de cuir !

« On voit Alexandre, en effet, 336 av. J. C. utiliser, pour le passage du Danube, des outres confectionnées avec les peaux des tentes des soldats. (Arrien, Livre Ier.)

« Deux ans après, au passage du Don, il fait confectionner des outres de paille et construire des radeaux. La cavalerie passa sur ces derniers, les cavaliers tenant, pour la plupart, les rênes de leurs chevaux qui nageaient derrière la poupe. (Quinte-Curce, Livre III, Ch. VII.)

« L'armée grecque perdit dans cette traversée une partie de ses chevaux », mais il faut observer que le fleuve avait 1.100 mètres de largeur, et ce ne sont pas des cours d'eau de cette dimension que nous avons la prétention de franchir avec nos moyens de fortune.

« Enfin, au passage de l'Oxus (327 av. J. C.) on remplit encore *de paille et de sarments secs* les peaux qui formaient les tentes des soldats ; on les cousit, et on construisit des radeaux en les attachant ensemble.

« Les guerriers égyptiens *portaient sur leurs chevaux* des approvisionnements de peaux de bêtes ayant servi à leur nourriture. Avec ces cuirs, ils confectionnaient des outres qu'ils gonflaient et assemblaient pour former des radeaux » (1).

Outres de cuir, outres de toile, c'est *bonnet blanc et blanc bonnet*, et nous voilà revenus, faute de mieux, aux procédés ingénus des anciens. Comme eux, nous construisons des radeaux avec tout ce qui nous tombe sous la main, comme eux nous tirons, derrière ces radeaux, nos chevaux à la longe. Alors que nos cours d'eau sont recouverts de ponts et de viaducs aussi nombreux que superbes, nous employons les mêmes moyens qu'au temps où ces ponts étaient rares et primitifs.

Beaucoup d'officiers ne s'expliquent pas ce retour à des méthodes qu'ils trouvent surannées. Ils estiment que si les procédés employés par les Anciens avaient une réelle valeur à une époque où il n'y avait pas de ponts, il ne saurait en être de même aujourd'hui où l'on ne fait pas 10 kilomètres sans en trouver un...

Ils n'ont d'ailleurs que peu d'enthousiasme pour les exercices de passage de cours d'eau, en contestent l'utilité, et posent en principe qu'il sera toujours plus avantageux et plus expéditif d'allonger le chemin, même de plusieurs lieues, pour trouver un pont ou un gué, que de s'attarder à tenter des passages où l'on risque de noyer hommes et bêtes.

Ils estiment aussi que les destructions de ponts, subordonnées toujours à des ordres spéciaux du Commandement, seront, de ce fait assez rares. Ils semblent

(1) Citations extraites de l'ouvrage intitulé : *Passage des cours d'eau dans les opérations militaires*, par Thuval, Capitaine de génie.

perdre de vue qu'il n'est pas nécessaire de rompre un pont pour le rendre inutilisable. Tout en respectant ces travaux d'art, il est facile de les obstruer d'une façon telle qu'il faille plus de temps pour s'ouvrir un passage dans l'abondance et l'enchevêtrement des matériaux que pour établir un passage provisoire au-dessus d'une brèche. Il est surtout facile de les défendre, comme tout défilé, par un dispositif tactique de troupes de toutes armes, qu'un détachement de faible effectif ne pourra songer à attaquer et à forcer.

En outre, si après une marche déjà longue, on est obligé d'augmenter le nombre des kilomètres pour gagner un autre pont, rien ne dit que ce pont et même le suivant seront libres, et on court le risque, dans une marche trop excentrique, de ne récolter que *l'éreintement* et la perte du contact.

Au reste, là comme ailleurs, tout est *subordonné aux circonstances*. Il est indiscutable qu'il est préférable de passer sur un pont ou de traverser un gué. On aura tout d'abord à s'assurer si la chose est facile, mais il faut prévoir l'impossibilité, envisager, *sans poser un principe absolu*, toutes les éventualités, et s'outiller de manière à agir autrement, le cas échéant.

Je pourrais citer maints cas, en hypothèse, où l'obligation s'imposerait, urgente, immédiate, de franchir un cours d'eau en dehors des ponts et avec ses seules ressources.

« Il est essentiel à notre époque où la guerre sera, au début principalement, une lutte de vitesse, que les passages de rivières s'effectuent le plus vite possible (1). » — Cette vérité s'applique particulièrement à la cavalerie, à ses grosses fractions comme à ses petites unités. Mais l'infanterie qui sera arrêtée partout, en marche ou pendant les combats, par les canaux et les petits cours d'eau, doit être également outillée de manière à pouvoir les franchir séance tenante, ou à s'ouvrir le passage d'un pont récalcitrant par un coup de main exécuté soit en amont, soit en aval, sans être obligée d'attendre l'arrivée de troupes techniques ou de voitures spéciales

De plus, et sans vouloir en faire une règle constante, il est permis d'entrevoir la possibilité pour la cavalerie de préparer, pour des unités d'infanterie, des moyens de passage expéditifs, à l'aide de ses ressources propres.

J'ai déjà exprimé cette opinion dans mon « *Manuel d'instruction du sapeur de cavalerie* » (Introduction). Je retrouve une idée analogue dans un vieil ouvrage intitulé : *Essais sur la cavalerie* » (2).

« Une des obligations de la cavalerie est d'être ins-
« truite à passer les rivières et *d'en faciliter le passage*
« *à l'infanterie*, ou pour les *surprises* ou pour les *retraites*,
« sans avoir besoin de ces préparatifs considérables qui
« demandent beaucoup de temps et causent des dépenses
« immenses, souvent fort inutiles, parce qu'ils ne sont
« point achevés dans le moment où l'occasion et les
« conjonctures les rendent nécessaires. »

Les Allemands, dont l'esprit d'offensive s'affirme de

---

(1) La « *Vie au grand air* » N° 57.
(2) *Essais sur la cavalerie*, tant ancienne que moderne. Paris, 1756.

plus en plus, dont la cavalerie entreprenante est décidée à ne se laisser arrêter par aucun obstacle, n'ont pas hésité à alourdir leur division de cavalerie de 14 voitures portant un matériel de pontage.

Tout en reconnaissant l'utilité de ce matériel, qui leur donne quelque chose alors que nous n'avons rien, je suis loin de le trouver parfait. Il n'est pas *suffisamment divisible* et ne peut ainsi servir à ceux qui en auront le plus besoin, *aux petites unités*.

Il se présentera plus d'un cas où les voitures qui le transportent ne pourront pas même accéder à proximité des points de passage pratiques, c'est-à-dire abrités et dissimulés, qu'il conviendra d'autant plus de rechercher que la surveillance sera désormais plus active.

Des troupes aussi mobiles que les divisions de cavalerie doivent être le moins possible à la merci des voitures.

Il faut donc, qu'en vue des passages des cours d'eau, cette arme soit dotée d'un appareil expéditif, maniable, de transport facile, ne la quittant pas plus que son ombre, lui permettant de « s'enrôler à l'aise », sans préoccupation du boulet aux pieds que représente tout équipage...

Les procédés de passage aux moyens des outres, dont j'ai parlé plus haut, n'ont jamais été abandonnés.

César se servit souvent, pour le passage des rivières, *d'outres gonflées*.

« Annibal, au fameux passage du Rhône, avait sur le derrière de chaque bateau un homme qui tenait par la bride plusieurs chevaux de chaque côté. Tite-Live dit que son infanterie le passa sur des *peaux enflées* (1).

Je lis dans Salluste (guerre de Jugurtha) :

« En marche vers Thala, et en vue du passage de la Tana, Marius distribue chaque jour à son armée, par centuries et par escadrons, un nombre proportionné de têtes de bétail, en ayant soin de faire fabriquer des outres avec les peaux. Il ménageait ainsi ses approvisionnements de blé et préparait, sans que personne s'en doutât, un matériel qui devait lui être de grande utilité.

Au bout de six jours, lorsqu'on arriva sur les bords du fleuve, une quantité considérable d'outres se trouva confectionnée ».

« Thévenot, dans ses voyages en 1659, rapporte que les peuples qui habitent le Tigre et l'Euphrate, perpétuent la tradition de l'emploi que faisaient leurs ancêtres des outres de peau. Il donne la description d'un de ces radeaux : Pour faire ces sortes de radeaux, on attache plusieurs outres ensemble qu'on joint des quatre côtés par autant de longues perches liées étroitement; on couvre le tout de plusieurs branches mises en travers et liées aux mêmes perches aux bords extérieurs. On borde cette plate-forme de petits fagots d'osier d'un demi-pied de diamètre. *Il faut arroser ces outres* par dessous toutes les demi-heures, de peur qu'elles ne se distendent. Tous les soirs on *ressouffle ces outres* qui peuvent porter 150 ou 200 hommes. » (2)

___

(1) *Tite-Live, décade III.*

(2) *Capitaine Duval.*

Il serait intéressant de connaître quel était l'approvisionnement de soufflets nécessaires pour cette opération !...

« En 1809, les Anglais se servirent dans la guerre de la Péninsule d'outres formées avec les peaux du bétail qu'on tuait sur place. Le cuir cousu autour de cercles en bois pouvait soutenir un poids de 130 à 135 kilos. Les outres restaient presqu'entièrement gonflées pendant 5 heures, et après un jour entier, elles supportaient encore la moitié du poids indiqué. Le cuir pesait 20 kilos ! » (1)

« En 1810, le 9e Corps construisit en Portugal des radeaux supportés par des peaux de bœufs gonflées et réparties aux angles et sous les côtés de ces ponts-volants » (1).

« Le général Bourmont, en 1823, se sert, pour le passage du Tage, d'un petit radeau construit avec les bois et les outres qu'on s'était procurés ; les chevaux passaient à la nage à la longe, mais le radeau ne put durer longtemps, *plusieurs outres s'étant crevées en abordant* » (1).

« Dans la guerre des États-Unis, de 1862 à 1865, de vastes outres en gutta-percha remplacent les bateaux dans les armées de l'Ouest, mais elles furent rejetées par les troupes du Potomac, en raison *des facilités avec lesquelles elles se déchiraient* » (1).

« Déjà en 1846, le gouvernement des États-Unis, dans la campagne du Mexique, construisait des pontons com-

(1) Capitaine Thival.

posés d'outres à air. Trois outres formaient un radeau susceptible de transporter les trois armes. L'étoffe employée à la confection de ces outres comprenait une couche de caoutchouc vulcanisé, une de coton, une de caoutchouc, une de coton » [1].

En citant tous ces exemples, j'ai voulu non-seulement faire remarquer l'usage fréquent qui a été fait jusqu'ici des outres, mais encore que les outres gonflées d'air sont loin d'avoir toujours donné satisfaction.

Sans hésitation donc, elles doivent être rejetées. Elles sont, en effet, comme nos *pneus*, à la merci d'un clou, d'un piquet, d'un tesson de bouteille, d'une épine égarée sur les rives...

On ne signale rien de semblable du côté des outres gonflées avec les matériaux légers, et Alexandre, comme nous l'avons vu, s'en servit en maintes circonstances.

J'ai voulu aussi, en passant, affirmer le vieux proverbe : *Nil novi sub sole*...

Malgré tout, des tentatives de ce genre ont encore été faites, il y a peu de temps, par les troupes russes.

Le journal illustré « *La Nature* » dans son N° du 1er avril 1893, a publié, d'après le journal *du génie russe* et la *Revue du génie*, des renseignements sur l'emploi, en campagne, des outres comme supports flottants, et leur utilisation dans la confection des radeaux.

Ces outres sont également confectionnées avec la peau

[1] Capitaine Laival.

des bœufs ayant servi à la nourriture des troupes et se gonflent avec un chalumeau par une des pattes de l'animal...

4 outres, réunies par des perches et par un plancher, peuvent porter 10 hommes.

Avec quatre des miennes, j'en transporte 20 et je n'emploie ni perches ni planches.

Chaque outre de cuir pèse 12 kilos ; chacune des miennes n'en pèse que la moitié...

Depuis que les rivières coulent, il n'y a pas eu, pour les franchir, parmi les procédés expéditifs, que celui des outres.

Tout a été employé, et le moyen suivant n'est pas le moins curieux :

« Un moyen expéditif de faire passer quelques hommes sur l'autre rive fut employé au passage de la Lys par Clisson en 1382, où quelques chevaliers improvisèrent un bac à l'aide d'un baquet et de cordes. — Ils enfoncèrent sur le rivage un gros pieu et ils y attachèrent une corde. Trois varlets entrèrent dans le baquet (*Il devait être de belle taille !*) et allèrent attacher la corde à un second pieu qu'ils fichèrent sur l'autre rive. Un va et vient fut ainsi établi » (1).

Sans remonter si haut, j'en relèverai un autre dans un récent numéro du journal anglais « *Le Graphic* » :

« La nécessité d'apprendre aux troupes à traverser une rivière sans l'aide des sapeurs, que l'on n'a pas

(1) Capitaine Tinval.

toujours avec soi, est bien reconnue en Russie où le pays est bien souvent coupé par des cours d'eau.

Beaucoup de méthodes de traversées de rivières y ont été inventées. Dernièrement, une expérience a été faite par les Cosaques du Danube.

L'idée de l'expérience était que les troupes devaient traverser une rivière sans autres engins que ce qu'elles pouvaient utiliser de leur équipement. Une douzaine de lances étaient reliées et engagées dans les anses d'une douzaine de marmites, formant une partie du radeau. Douze de ces faisceaux de lances entrecroisés et reliés entre eux formaient un cadre capable de porter 4 hommes avec leur équipement. »

La figure indique que le radeau réclame pour sa confection 96 lances et 48 marmites.

Un escadron ne pourrait donc guère constituer qu'un radeau. C'est un procédé, comme on le voit, de peu de rendement. Il ne faut pas être pressé pour l'employer.

Enfin, au Soudan, nos troupiers savent tirer, paraît-il, un excellent parti, même pour le passage du Niger, des caisses à biscuit !

Tout cela m'éloigne des outres proprement dites sur lesquelles je n'ai insisté que parce que mon appareil n'est qu'une outre, perfectionnée il est vrai, mais ne rappelant cependant, que de très loin, nos majestueux Transatlantiques !...

Je ne m'étendrai pas sur la nécessité qu'il peut y avoir pour les troupes de franchir rapidement et aisément l'ensemble des cours d'eau qui leur formeront obstacle et d'être munies dans ce but d'un appareil portatif, rivé à l'unité, à la disposition immédiate et permanente de ceux qui en auront, je le répète, *le plus besoin*, et de la façon *la plus imprevue* (groupes francs, détachements, patrouilles). Tout ce qui sera porté sur des voitures sera toujours, à mes yeux, insuffisant, pour cette raison que les voitures ne seront presque jamais là quand on en aura besoin

Du moins est-il prudent, en ce qui concerne particulièrement la cavalerie, d'envisager ainsi les choses.

Au reste, cet appareil léger peut très bien s'allier, si on en reconnaît la nécessité, avec tout autre matériel transporté sur des voitures. Il en serait le complément et servirait toutes les fois que ce dernier ferait défaut. Il jouerait un peu le rôle de vivres de réserve portés sur l'homme par rapport aux vivres portés sur les voitures régimentaires.

La cavalerie a déjà trouvé, dans ses sacs-cachou, un moyen de fortune lui permettant de franchir la plupart des cours d'eau dans des conditions satisfaisantes. Ce moyen de fortune est d'autant plus appréciable que cette arme se trouvera le plus souvent privée de ses fourgons et que ses différentes fractions seront livrées à leurs seules ressources.

Mais à côté d'avantages incontestables, les radeaux de sacs présentent plus d'un inconvénient. Il faut pour les constituer : 1° défaire un nombre plus ou moins considérable de paquetages ; 2° se procurer et construire des cadres en bois pour donner de la rigidité; 3° établir des planchers; 4° relier l'ensemble au moyen d'une profusion de cordes à fourrage toujours difficiles à dénouer quand elles ont été mouillées et que l'urgence ou l'impatience des hommes amènera souvent à détruire (1); 5° transborder l'avoine et les effets retirés de ces sacs; 6° refaire les paquetages dans les plus mauvaises conditions.

Toutes ces opérations sont très longues.

De plus, l'orifice des sacs qui plonge dans l'eau est assez difficile à fermer. Ces sacs finissent par absorber une quantité d'eau assez grande qui leur enlève beaucoup de leur résistance. Encore faut-il admettre que nous avons à faire à des sacs en bon état, non fatigués par une torsion permanente en leur milieu, et par le transport quotidien, au cantonnement, de denrées lourdes et destructives, telles que le sucre.

Enfin, le système composé d'éléments aussi nombreux court le risque de se désagréger sur des cours d'eau un peu difficiles.

Mais la cavalerie n'est pas la seule dont il faille s'occuper. L'infanterie n'a rien et j'entends par là rien d'immédiat, de propice à des coups de main de jour et de nuit.

Des chefs intelligents et avisés se sont déjà préoccupés de cette question, et ils ont astreint les compagnies à

(1) Il est indispensable que les hommes terminent leurs brelures par des bouchons toutes les fois que cela sera possible ou prennent les autres précautions que j'ai indiquées dans mon Manuel du Sapeur de cavalerie, p. 71.

charger sur leurs voitures un certain nombre de sacs exclusivement destinés au passage des cours d'eau.

Les matériaux légers qu'on trouve partout sur les rives ou à proximité constituent évidemment une ressource très importante. Mais les chevalets sont de construction longue et souvent difficiles à placer, les tonneaux ne sont pas toujours immédiatement utilisables, les radeaux d'arbres sont lourds et les bois fraîchement coupés ne valent rien pour les établir, etc.

Il reste *bien entendu* qu'aucun des procédés employés d'ordinaire n'est à dédaigner ; chacun d'eux peut à un moment donné être utilisé avantageusement. Aussi est-il bon de les connaître tous et de familiariser les sapeurs avec leur construction.

Il en est cependant pour lesquels je n'éprouve qu'une attraction médiocre.

Je les condamnerais même, s'ils n'étaient eux aussi, le cas échéant, en mesure de rendre des services. Ce sont ceux qui nécessitent la mise à l'eau des hommes, habillés ou non, et même des harnachements.

Pour mieux se rendre compte de leur valeur ou plutôt de leur commodité d'emploi, il ne serait pas inutile de les expérimenter pendant les mois d'hiver.

J'écris ces lignes au mois de Décembre, et je ne puis songer sans quelque frisson à cette tenue de baigneur sous la bise et le grésil, à ce plongeon dans une eau glacée.

C'est sans enthousiasme que je considère ces hommes

presqu'aussitôt transformés en icebergs, ces sacoches remplies d'eau, tous les effets de rechange noyés, ces stalactites de glace pleurant de tous côtés !

Et cependant, ces procédés sont recommandés partout, ce qui prouve surabondamment que je suis seul de mon avis. En Allemagne, en Autriche, en Russie, les passages de cours d'eau et les exercices de natation destinés à les faciliter, font l'objet d'instructions spéciales. Les Russes, qui habitent un climat bien plus rigoureux que le nôtre, semblent le plus s'en préoccuper. Je relève à ce propos dans notre « *Revue de cavalerie* » d'octobre le renseignement suivant :

« Le règlement russe sur les exercices de natation et de passage de rivières prévoit un procédé de passage dit *par troupeaux.*

Il consiste à transporter les hommes indépendamment des chevaux, et à chasser ces derniers en un seul troupeau de l'autre côté de la rivière.

Ils sont dirigés par quelques cavaliers bons nageurs (ce sont ceux-là, naturellement, que j'ai ici en vue) qui passent les premiers la rivière en se tenant à la crinière de leurs chevaux.

Pour empêcher les chevaux de s'écarter après le passage, on *arrête* les hommes qui ont traversé la rivière au point où les chevaux reprennent pied. Ils se disposent en ligne de façon à arrêter les animaux déjà fatigués par leurs efforts et qui se reforment aisément en troupe avant de gagner le bord. »

Ainsi, non seulement on met des nageurs à l'eau, mais *on les y laisse* pendant un temps qui peut être long.

Ce n'est évidemment pratique que pendant trois ou quatre mois de l'année.

Les exemples de grand dévouement ne sont pas rares dans notre histoire.

S'il faut se mettre à l'eau, on s'y mettra !

Cherchons, en attendant, à nous soustraire le plus possible à cette obligation. . . .

Ainsi que je l'ai exprimé, du reste, dans mon *Manuel du sapeur*, le passage des cours d'eau à la nage par la cavalerie ne saurait être que l'exception.

Cette opération ne peut être tentée pratiquement, à l'ordinaire, que par des individualités ou par des détachements d'hommes choisis, très bons nageurs, aptes à nager tout équipés à côté de leurs chevaux et pris dans tous les escadrons en vue d'un coup de main immédiat; au cas, par exemple, où, dans une poursuite, on serrerait de près un ennemi qui vient lui-même de passer un cours d'eau et de montrer la voie.

Mais, le plus souvent, un coup de main, soi-disant immédiat, se réfléchit, réclame quelques dispositions, la recherche principalement d'un point favorable. Sur la Marne par exemple, aux berges escarpées et croulantes, on doit faire parfois plusieurs kilomètres pour trouver ce point de passage. Partout, on pourrait se jeter dans cette rivière ; sur toute cette longueur, on viendrait se heurter, de l'autre côté, à des rives infranchissables.

Il est donc permis de supposer qu'en pareil cas, on trouverait encore le temps de gonfler et d'utiliser l'appareil pour lequel je plaide aujourd'hui.

Nous n'avons pas 12 hommes par escadron capables de nager à côté de leurs chevaux avec leur équipement, sur une rivière un peu importante. Quel que soit le soin qu'on apporte aux exercices de natation, je ne pense pas qu'on arrive aisément, avec le peu de temps qu'il est possible d'y consacrer, et les difficultés surtout qu'on a dans la plupart des garnisons de trouver des endroits pratiques, à faire d'un homme de 20 ans, qui n'a pas appris étant jeune, un nageur suffisamment assuré.

Je crois donc que, de ce côté, l'instruction spéciale ne peut être donnée, avec quelque profit, qu'aux nageurs d'élite dont je viens de parler, et en vue, je le répète, de cas *très exceptionnels*.

Quant au passage en masse, il ne peut avoir lieu que lorsque l'urgence et l'importance d'une mission sont telles qu'elles ne permettent pas de s'arrêter à d'autres considérations et qu'il n'y a pas à hésiter à se jeter en bloc à l'eau, même sous les yeux de l'ennemi.

C'est en prévision de cette seule éventualité qu'il convient de développer le plus possible l'instruction des chevaux à la natation, et *de préférence à celle des hommes*.

Avec des chevaux francs, habitués pendant l'été par des exercices fréquents et suivant la progression indiquée par le règlement, à entrer résolument à l'eau, cavaliers nageurs ou non nageurs, accrochés aux pommeaux, cramponnés aux crinières de leurs montures, tirés par elles, franchiront en bloc l'obstacle lorsque la nécessité s'en imposera, *inéluctable*.

Que faut-il pour réussir dans ce cas exceptionnel ? En tête de chaque groupe un ou deux cavaliers énergiques, arrivant sur la rive à une allure accélérée, sautant droit dans l'eau, attirant ceux qui les suivent....

Il y aura bien encore quelques victimes. Le but avant tout !...

Qu'on prenne maintenant un régiment d'infanterie, on n'y trouvera peut-être pas de quoi constituer, le cas échéant, une compagnie de 150 nageurs !

Toutes ces considérations m'ont amené à imaginer mon « *Radeau-sac* ». Il n'est qu'un dérivé des radeaux de sacs-étais, et c'est pour cette raison que je lui ai donné ce nom ; mais il me paraît présenter sur eux des avantages bien marqués :

Il supprime les inconvénients que j'ai signalés tout-à-l'heure et fait gagner beaucoup de temps sur la construction. D'une seule pièce, en effet, il dispense de réunir et de relier entre eux, par des cordages, un nombre plus ou moins grand de sacs. Dans l'eau, et sur les grandes largeurs surtout, il est léger et d'allure relativement rapide, puisque sa vitesse est supérieure à celle du cheval le meilleur nageur.

Sa résistance à l'immersion est considérable. Il est simple, peu coûteux (1), pas trop encombrant, facile à réparer, facile à transporter avec soi.

D'un poids de 6 kilos, il peut à la rigueur, supporter six hommes, un kilo par homme !

Nous sommes loin de ces outres de cuir qui pour un poids de 20 kilos étaient très-fières de supporter..... un homme et demi !

(1) Son prix est de 50 francs.

II.

LE RADEAU-SAC.

Le radeau est formé d'une toile très solide, tissée à la largeur voulue, teinte en couleur cachou, et à peu près imperméable. Cette toile affecte la forme d'un bateau et pèse exactement 6 kilos. Ses dimensions *actuelles* sont les suivantes :

        Longueur du rectangle.   1.90
        Longueur des becs....   0.40
        Hauteur..............   0.30
        Largeur....... ......   1.15

Elle se roule aussi facilement qu'un manteau et peut être, comme lui, portée en selle ou en sautoir.

Dans l'infanterie, sa place paraît toute indiquée sur les voitures de compagnie, pliée, roulée, ou en bâche, au besoin.

Pour s'en servir, on la déroule et on l'emplit de paille. A défaut de paille, avec des joncs, roseaux, algues, branchages, chaumes, genêts, oseraies, feuillages, vrillons, sarments secs, seaux en toile remplis de paille ou de feuilles, ustensiles de campement, etc. En somme, avec tous les matériaux légers, *de même nature ou mélangés*, qu'on est à même de trouver partout.

Il faut environ 10 minutes pour cette opération, les

matériaux étant rassemblés. Le radeau se trouve alors constitué, formant un tout rigide qui ne peut se désagréger.

Plat, il glisse indifféremment sur l'eau, sur la vase ou sur les galets ; élastique, il n'a rien à redouter des chocs contre les rives. Je l'ai jeté plusieurs fois du haut d'un pont sans avoir à constater, de ce fait, la moindre avarie. Et quoique, à première vue, il paraisse instable, il est plus stable, dès qu'il est chargé, qu'un canot de même dimension.

Il faut de 7 à 8 bottes de paille ordinaires pour l'emplir. Quelques hommes peuvent ainsi le transporter aisément, et pendant un trajet assez long, sur leurs épaules ; qu'il s'agisse de franchir un cours d'eau, d'îlot en îlot, ou de parcourir un terrain coupé de canaux d'irrigation, ou bien encore, si l'on a dû le construire discrètement, à une certaine distance des rives.

Cette facilité de pouvoir amener ainsi brusquement le radeau, tout prêt à fonctionner, et sans avoir donné l'éveil, au point de passage choisi, est à signaler particulièrement.

Il est pourvu, sur tout son pourtour, d'anneaux solidement fixés sur double toile. On peut ainsi l'arrimer et le tirer en tous sens, accoler plusieurs éléments, établir des portières ou des passerelles.

Il présente à sa surface supérieure, c'est-à-dire à l'abri de l'invasion de l'eau, 2 ouvertures lacées à l'aide d'une cordelette.

Il est certain que le léger *esquif* n'est pas fait pour des corps d'armée ou des divisions ; mais une patrouille, un escadron, un bataillon, un régiment passeront n'importe quoi, n'importe où, dans de bonnes conditions.

Et pourquoi des troupes plus considérables ne passeraient-elles pas, puisqu'on peut opérer à la fois sur plusieurs points et que l'appareil peut rester des heures et des jours à l'eau....

C'est le compagnon inséparable des corps de partisans appelés à agir vite, sans bruit, à tout moment de jour et de nuit.

De nuit, je le répète, en ce qui concerne l'infanterie, ou à l'aube, car c'est sans doute à ces moments là que son emploi sera le plus opportun et le plus fréquent.

Il ne serait pas déplacé dans le bagage des explorateurs, et serait particulièrement utile à l'armée coloniale. Dans des pays comme le Tonkin, le Soudan et Madagascar, coupés de rizières, de marais et de marigots, on trouve en effet en abondance les roseaux ou herbes néccesssaires à son gonflement.

Je pourrais citer de nombreux exemples où il eût pu rendre de réels services dans les colonnes expéditionnaires. Je me contenterai d'en relever deux, parmi les plus récents, dans des correspondances publiées par la *France Militaire*.

1° Extrait d'une lettre du sergent Tanière, faisant partie d'une colonne opérant contre Samory :

« Nous nous trouvons dans une forêt de plus de 200 kil. de largeur où l'on ne trouve que des chemins bons tout au plus pour des chèvres et coupés très souvent par des marigots assez difficiles à franchir en cette saison où il pleut tous les jours. Souvent nos chevaux ne passent qu'à la nage et nous-mêmes nous établissons *des passerelles au moyen de lianes ou d'arbres abattus*. Lorsqu'on n'a de l'eau que jusqu'au cou, le passage est franchi sans difficulté. Au besoin, nous passerions à la nage avec une corde, mais les nombreux porteurs que nous *sommes obligés d'emmener ne peuvent en faire autant avec une charge de 25 à 30 kilos par tête.* »

2° Extrait concernant l'expédition du Chef de Bataillon Crave, commandant le poste de Say :

« Ce point de Zinder qui n'avait jamais été atteint par les Européens, comprend 5 îles relativement grandes et fort riches. Un bombardement exécuté séance tenante faisait bientôt le vide dans la première île, mais *sans pirogues*, il était impossible d'y aborder. On construisit des *radeaux de paille*, mais pour assurer la direction de ces corps flottants, il fallait bien établir un câble.

Cette mission dangereuse, car le fleuve à cet endroit est infesté de caïmans, fut confiée aux tirailleurs sénégalais, dont un certain nombre devinrent la proie de ces animaux, mais qui finirent par réussir. »

Il fallait y aller, on y est allé !...

Mais mon radeau eût pu, en cette circonstance, économiser des vies toujours précieuses.

Cet appareil ne vise point à remplacer tous ceux actuellement en usage ; ses prétentions sont plus modestes. Il est fait pour être utilisé quand on n'a rien et dans toutes les circonstances où un bateau est utilisable.

Enfin, il peut, le cas échéant, être employé comme bateau de sauvetage, ou pour aider à la construction de tout autre moyen de passage. Il paraît, de ce côté, représenter pour les détachements du génie, une véritable *nacelle d'avant-garde*, très-pratique pour sonder un cours d'eau et prendre les premières dispositions.

EMPLOI DU RADEAU.

Rouler le Radeau.

1° *Pour le porter en sautoir.* — Le radeau étant déployé à terre dans toute sa longueur et ses ouvertures lacées à l'aide de la cordelette, rentrer, sur tout le pourtour, les soufflets (côtés) en dedans, à la manière d'un pli d'accordéon, afin que les surfaces supérieure et inférieure s'appliquent bien partout l'une sur l'autre. Rabattre les becs sur eux-mêmes en mettant les anneaux à plat. Rabattre un des grands côtés du rectangle d'environ 0,20. Rouler *ferme* par le travers, et à l'aide de 5 hommes, l'autre grand côté du rectangle.

Placer le pied sur le milieu du rouleau ainsi obtenu, dont le pli de fermeture reste en dessous, c'est-à-dire à l'extérieur. En ramener l'une vers l'autre les deux extrémités qu'on maintient réunies par une courroie, comme le manteau.

Ce rouleau peut être porté en sautoir de gauche à droite soit par un fantassin sans sac, soit par un cavalier sans carabine (1).

(1) Le radeau est ainsi certainement moins encombrant que le fusil d'infanterie que nous portions jadis aux chasseurs d'Afrique.

2° *Pour le porter en selle.* — Le radeau étant déployé à terre dans toute sa longueur, opérer comme ci-dessus, mais en rabattant complètement l'une vers l'autre ses extrémités, de manière à laisser entre leurs pointes un intervalle d'environ 0.20, devant produire un évidement au milieu du rouleau.

Le rouleau, plié en deux, peut être ainsi arrimé aisément sur la palette, comme un manteau. Ce dernier serait alors reporté en avant comme dans l'ancien paquetage, et le sac à avoine disparaîtrait pour être remplacé sur le flanc du cheval, si on le juge à propos, par un bissac analogue au bissac d'embarquement.

Nota. — Quand le radeau sort de l'eau, il offre un volume plus considérable que lorsque la toile est sèche, et se roule moins facilement. Il serait plus commode, après une opération, et si l'on avait adopté le système du port en selle, de le faire porter momentanément en sautoir par le cavalier.

Plier le Radeau.

Opérer comme si l'on voulait le rouler pour le porter en sautoir, mais, au lieu de le rouler, le plier *ad libitum* de façon à pouvoir l'arrimer sur le siège du conducteur de la voiture de compagnie.

Remplissage.

Les matériaux étant rassemblés, dérouler le sac et en délacer les ouvertures. Former, en principe, un atelier de 6 hommes, trois à chaque ouverture. Deux hommes à chaque ouverture remplissent pendant que le troisième leur fournit de *grandes brassées de paille*. Celui-ci froisse un peu, au préalable, cette paille dans ses bras, et évite de fournir des tortillons ou des poignées insignifiantes qui ne font pas avancer la besogne.

Dans bien des cas, ce troisième homme peut être supprimé.

On commence par gonfler les becs qu'on *bourre à fond* en en faisant les angles et les extrémités bien carrés, perpendiculaires ; puis on remplit tout l'intérieur en s'efforçant également de bien dresser les soufflets.

De temps à autre, égaliser la paille et la refouler dans les angles et les becs avec le bout *arrondi* d'un manche d'outil.

Le sac étant bien plein, dur, l'aplatir, en montant dessus au besoin, pour que la surface n'en soit *jamais* convexe.

Si l'on a tout le temps de bien faire, on prendra, avant de fermer, quelques tortillons de paille, gros comme le bras, qu'on chassera sur les côtés. Cette opération a pour résultat de tendre la toile du dessus, et de rendre les côtés plus perpendiculaires.

Qu'on se figure le paletot d'un homme mal bâti auquel on cherche, au moyen de bourrelets, à refaire les omoplates !

En résumé, le radeau doit être rempli de manière à ne rien perdre *ni de sa largeur ni de sa hauteur*.

Lacer enfin les ouvertures en en rapprochant complètement les lèvres, et attacher la première corde de traction. Cette corde doit avoir, à l'ordinaire, une longueur supérieure d'une dizaine de mètres à la largeur de la rivière.

On la constitue avec des cordes à fourrage bout à bout, ou avec des cordes analogues.

S'il y a du courant, la longueur doit en être augmentée proportionnellement à la vitesse de ce courant, en vue de la dérivation, qui peut être parfois considérable.

MISE A L'EAU, MANŒUVRE A LA PAGAIE, A LA GAFFE, A LA GODILLE.

Soulever le radeau de chaque côté par dessous, lui imprimer un mouvement de balancement, et le jeter à l'eau. On le retient à la rive par le cordage déjà fixé.

Le radeau étant à l'eau, un homme, muni d'une *pagaie improvisée*, s'assied vers l'avant et va, en naviguant, porter sur l'autre rive le deuxième cordage de traction. Il emmène avec lui un ou deux hommes, et les outils nécessaires.

On emploierait deux pagayeurs si la force du courant y obligeait.

Pour passer de forts courants entre deux et trois mètres à la seconde, comme ceux de la Durance, il faut de très bons pagayeurs, qui ne craignent pas de se laisser tourner et dériver en valsant.

Une pagaie s'improvise avec une lance ou une branche longue d'environ trois mètres, à chaque extrémité de laquelle on attache une pelle *emmanchée*.

Une pagaie suffisante peut aussi être improvisée, paraît-il, au moyen d'une lance ou d'une perche à chaque extrémité de laquelle on se contente de placer un bottillon ou une petite fascine, en guise de palette.

Sur un cours d'eau moyen, sans courant appréciable, sur un canal, on peut se servir simplement de deux pelles, maniées l'une à droite, l'autre à gauche.

Dans ce même cas, un homme à plat ventre sur l'extrémité du radeau peut arriver à le conduire sur l'autre rive en se servant de ses bras comme de nageoires. Le procédé ne saurait être plus simple...

Enfin, une perche quelconque, servant de gaffe, peut être utilisée dans un grand nombre de cas.

Le radeau n'est pas fait pour naviguer et surtout pour remonter un courant. Des gens exercés cependant, le font évoluer avec une certaine aisance.

Il faut habituer les sapeurs au maniement, d'ailleurs facile, de la pagaie. Cet instrument donne bien la direction et peut être très utile quand on doit évoluer un peu, soit pour sonder et reconnaitre un cours d'eau, un gué, soit pour aller placer une charge de rupture contre une pile de pont.

Les pagaies et les gaffes peuvent tout aussi bien être employées sur des radeaux accolés que sur les radeaux isolés.

En principe, les gaffeurs se tiennent à genoux. Sur les portières munies d'un plancher, ils peuvent se tenir debout et se déplacer.

Le radeau peut être également mis en mouvement au moyen d'une *godille* improvisée qu'on installe aux anneaux du bec d'arrière. La godille est maintenue par une anse en cordage dont chaque bout est arrêté dans l'anneau par un nœud simple.

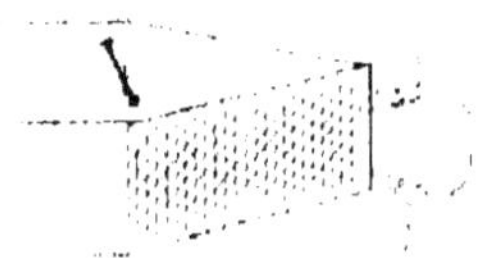

Le radeau parvenu sur l'autre rive, on fixe au 2e bec le 2e cordage de traction et l'appareil est prêt à fonctionner. (Les cordages doivent passer à la fois dans les deux anneaux disposés à cet effet, afin de diviser l'effort sur la toile.)

S'il y a du courant, les cordes de traction *aller et retour) doivent être fixées toutes les deux au bec d'avant*. Le radeau, présentant alors pendant la marche, le flanc au courant, est poussé par lui vers l'autre rive et l'on ne risque pas qu'une traction inopportune, faite de la rive de départ sur le bec d'arrière, amène le chavirage.

Fonctionnement par le va et vient et par le halage.

Le mouvement de *va et vient* s'exécute comme avec tout autre radeau. Il est simple ; encore faut-il que les sapeurs y soient familiarisés. Sans quoi, ils embrouillent les cordes (surtout sur les grandes largeurs), ou s'empêtrent dedans, ou y font empêtrer les chevaux qui se dérobent de côté, quand on n'a pas eu le temps ou les moyens d'établir une barrière.

Voici comment j'opère : à chaque cordage, je place 3 hommes. Pour le passage des chevaux, ces hommes doivent être disposés de préférence sur un point plus élevé de la berge, et à quelques mètres en amont, de manière à les tenir éloignés des animaux.

Les deux premiers, se faisant face, tirent le cordage *au même point*. Le 3ᵉ le reçoit et l'enroule sur le sol de manière à éviter tout emmêlement ultérieur.

Dans les opérations de longue haleine, un 4ᵉ homme n'est pas inutile pour relever, de temps à autre, un de ses camarades qui se repose à son tour.

Chargé, le radeau parcourt, à l'aide du « *va et vient* », un mètre à la seconde ; il peut être ramené aussi vite qu'on peut le tirer, car il a alors sur l'eau, la légèreté d'un bouchon.

On doit veiller à ce que les sapeurs de la rive de départ laissent filer rapidement leur cordage, pour ne pas contrarier la traction faite de la rive opposée.

On peut aussi *se haler* sur une cinquenelle tendue d'une rive à l'autre. C'est un bon mode d'emploi quand le courant est fort. Naturellement, on hale en aval de la corde.

L'expérience a démontré que l'homme de tête, seul, doit haler. L'essai par plusieurs hommes halant ensemble a donné des résultats défectueux sur les courants de la Durance.

Dans certains cas, on peut haler directement sur les hommes qui tiennent *ferme* le cordage de traction, ou sur un point fixe, tel qu'un arbre.

Ce serait, sans doute, la meilleure manière d'opérer par le brouillard, ou dans une opération de nuit (infanterie) pendant laquelle on ne pourrait faire ni signes, ni commandements.

Embarquement des Hommes.

Les hommes sont *toujours* placés sur les radeaux de la façon suivante : assis sur l'axe, l'un derrière l'autre, tout près, les jambes un peu allongées, chacun enfermant, pour ainsi dire, dans ses jambes celui qui est devant lui.

La surface rectangulaire du radeau est seule occupée.

Le radeau est placé perpendiculairement au courant, surtout si la rive est basse et que le bec d'arrière, prenant ainsi appui sur elle, assure davantage la stabilité. Il est placé parallèlement au courant quand les hommes, peu exercés, ne sont pas encore en confiance et si, naturellement, la profondeur de l'eau le permet.

De toutes façons, on le retient à la rive pendant que les hommes prennent place ou débarquent.

Le premier s'assied près du bec d'avant, le second s'assied derrière lui et ainsi de suite.

Cinq hommes *équipés* s'asseyent ainsi, les fesses *bien sur l'axe*. On leur passe *ensuite* leurs armes (fusils, sabres, lances) qu'ils placent en travers sur leurs cuisses (1).

---

(1) Le radeau nouveau modèle n'a été établi que pour 5 hommes au lieu de 6. On devra tenir compte de cette observation dans l'examen de quelques-unes des photographies.

Toutefois, le radeau ne peut recevoir que 4 fantassins *avec leurs sacs* ou 4 cuirassiers *avec leurs cuirasses*. Après leur avoir passé leurs armes, on leur passe leurs sacs ou cuirasses qu'ils déposent également sur leurs cuisses.

Les hommes ne doivent *jamais* se tenir debout sur les radeaux. Ils gagnent leur place *sur les genoux* et pivotent sur les poignets pour s'asseoir. Lorsque le radeau, en effet, n'est pas chargé, il n'enfonce pas et peut être soumis à un mouvement de roulis prononcé dont il est prudent de tenir compte, si l'on ne veut pas perdre l'équilibre.

Les hommes débarquent dans les mêmes conditions.

Une fois assis, il leur est *interdit* de se retourner ou de se pencher à droite et à gauche.

Ces prescriptions sont *absolues*.

C'est avant le départ qu'il faut modifier la position d'un homme placé trop à droite ou à gauche de l'axe.

L'axe des radeaux est maintenant indiqué par une ligne très apparente.

Sur un signe ou un commandement du chef de la manœuvre, le radeau est mis en mouvement. Les sapeurs de la rive de départ ont soin de le *repousser tout d'abord, surtout s'il repose sur le fond*, de manière à ce que les points d'attache ne soient pas soumis à une fatigue inutile

L'embarquement et le débarquement s'exécutent très vite. C'est une question d'ordre, de méthode et d'exercices, comme pour les embarquements en chemin de fer.

Chaque fraction forme ses faisceaux, dispose, vis-à-vis

des transports, ses harnachements dont les accessoires ont été relevés sur le siège. — Les hommes sont tenus prêts à s'embarquer par groupes constitués à l'avance. Le plus grand silence doit être observé. On ne doit entendre, et encore le plus rarement possible, que la voix du chef qui dirige la manœuvre.

Il faut, au préalable, faire dans les chambres, sur les lits par exemple, puis à l'extérieur sur des radeaux à sec, des exercices préparatoires. Chaque homme doit être bien fixé sur la place qu'il doit occuper et sur la façon de disposer ses armes.

Les hommes employés à la traction sur la rive d'accès peuvent, tout en maintenant le transport contre la rive, tendre la main à leurs camarades pour les aider à débarquer, s'il y a lieu ; mais le mieux est encore de confier ce soin à deux hommes de corvée placés sur chaque rive, chargés spécialement de passer et de recevoir les armes, cuirasses, sacs et harnachements, et de renforcer, le cas échéant, les ateliers de traction.

Nota : Il peut être utile, avant l'embarquement, de faire déboutonner aux hommes un des côtés de leurs sous-pieds. Cela leur permet de s'asseoir avec plus de facilité.

Passage des Chevaux.

Le radeau est monté par deux hommes sachant nager et débarrassés, tout au moins, de leur équipement. L'un d'eux, face à l'arrière près du bec, tire un conducteur à la longe ; l'autre, assis derrière lui, est prêt à l'aider et tient l'extrémité de cette longe.

Il y a avantage à la constituer par deux cordes à fourrage bout à bout. Il arrive en effet que le Maître d'École s'effraie à la vue d'un bateau et se dérobe, surtout si l'on est gêné par le soleil, mais son appréhension disparaît si le transport se trouve placé, dès le début, à cinq ou six mètres de la rive.

La longe est passée à l'anneau du filet. L'homme préposé à la traction la plie en deux en conservant les deux bouts libres dans la main, de manière à pouvoir, le cas échéant, abandonner le cheval sans lâcher la corde. Une seule corde à fourrage, ainsi pliée en deux, ne serait plus assez longue.

Dès que le radeau est en mouvement et que le conducteur est à l'eau, on amène le groupe des autres chevaux qui se suivent en file à trois mètres l'un de l'autre, les plus dociles en tête. Il convient de les amener jusqu'au bord *au trot*. Ils se jettent alors plus volontiers à l'eau.

Ce système est certainement préférable à celui d'amener les chevaux par front de peloton, car si des chevaux se défendent, les hommes qui les conduisent peuvent être pressés contre les chevaux voisins et emmenés à l'eau, ainsi que j'ai eu l'occasion de le constater.

S'il ne faut pas mettre à l'eau un trop grand nombre de chevaux à la fois, il n'y a pas à hésiter cependant à y engager carrément d'un coup tous les chevaux d'un peloton. Cela dépend, d'ailleurs, de la largeur du point de passage, des commodités de la rive d'accès, et du nombre d'hommes qu'on a pu disposer sur cette rive pour recevoir les chevaux.

Quand on a affaire à un canal ou à un cours d'eau de

peu de largeur, les conducteurs peuvent très bien être tirés directement d'une rive à l'autre. Le radeau sert alors à rapporter rapidement le bout de la corde qui doit attacher un nouveau conducteur.

Pour ne pas amener de retard dans l'opération, les chevaux difficiles ou mauvais nageurs, que l'École de natation a déjà fait connaître, sont placés à la gauche de l'unité et tirés à la longe en dernier lieu.

En principe, les conducteurs se présentent avec la longe fixée; on en jette le bout aux nageurs qui se sont rapprochés pour la saisir, puis le radeau s'éloigne *à distance de longe*. Le nageur exerce alors une traction sur cette longe pendant que le cheval est incité à entrer à l'eau. Dès que l'animal y pénètre, le radeau est mis en mouvement *à bonne allure*.

Recommandations. — Ne pas frapper un cheval récalcitrant; les coups ne font souvent que le faire rétiver davantage. Essayer les moyens suivants :

Lui jeter du sable entre les fesses, moyen très bon, paraît-il, pour les embarquements en chemin de fer. (Il ne réussit pas toujours à l'eau).

Mettre un mouchoir blanc au bout d'une gaule et le faire tournoyer en l'agitant derrière l'animal : celui-ci, pour fuir l'objet qui l'effraie, n'aura d'autre ressource que de se lancer en avant. Le menacer, en même temps, de la voix grondante et des gestes faits par les hommes placés par côté.

Des hommes forment la haie à droite et à gauche si l'on n'a pas pu mettre une barrière empêchant de s'échapper.

Un cheval s'arrête-t-il, le reprendre et faire passer le

suivant ; le récalcitrant passera plus facilement quand il se verra seul sur la rive.

S'il résiste à tous les moyens — de douceur et de persuasion — le faire reculer et le renverser à l'eau, même par côté, tout en le tirant. C'est le remède *in extremis*, mais souverain.

Quand quelques chevaux seront passés, il sera bon d'en laisser deux ou trois sur la rive opposée. Choisis parmi les plus tranquilles, ils serviront de point de ralliement à ceux qui seront dans l'eau.

Les sapeurs placés aux cordages doivent suivre les mouvements du conducteur. Certains chevaux plongent et s'approchent d'un bond du radeau ; il faut alors accélérer la traction. Quand un conducteur cependant est bien engagé dans la direction, il n'y a plus lieu de s'en préoccuper et on peut le lâcher.

Il est avantageux de pouvoir disposer d'une rive de départ où les chevaux perdent pied rapidement. Si la rive est basse et que les animaux ne puissent perdre pied à deux ou trois mètres du bord, on peut tourner la difficulté en constituant un élément de pont permettant aux cavaliers de les mener jusqu'au point favorable.

On pourrait, le cas échéant, établir ce ponton avec un radeau-sac relié à la rive par des poteaux, poutres ou échelles, recouverts d'un plancher et bien arrimé, sur la rive, à des piquets.

Mais les chevaux ont une tendance à se jeter, au départ, sur ce ponton ou sur le pont le long duquel on les fait habituellement nager dans les exercices.

On pare à cet inconvénient par l'établissement sur la

longueur voulue d'un *garde-fou* en perches qu'ils ne peuvent franchir ; on ne laisse qu'un passage étroit pour l'homme.

En instruction, il est bon de limiter la voie aux chevaux par une ligne de perches ou de mâts flottant sur l'eau, tout au moins en aval, et d'installer, avec des perches, un chenal d'entrée à l'eau, s'évasant vers l'extérieur.

RADEAUX ACCOLÉS.

L'emploi du radeau *isolé* demande un *certain tact*. Il convient de le réserver pour les petites unités (patrouilles, pelotons détachés) ou bien pour sonder et reconnaître un cours d'eau, ou pour la traction des chevaux conducteurs.

En principe donc, on se sert de *radeaux accolés* par deux ou par trois. Ils constituent ainsi des *portières* qui, tout en restant légères sur l'eau, présentent de sérieux avantages au point de vue du rendement et de la stabilité.

Pour accoler deux radeaux, on les réunit côte à côte par une corde à fourrage qu'on fait filer alternativement à droite et à gauche dans les anneaux de côté de chaque radeau, sans tirer sur ces anneaux. Elle fait ainsi l'office de tringle. On l'arrête par une boucle, et on ramène le bout restant en sens inverse.

En même temps, on relie par une corde à fourrage *tendue* les becs entre eux pour consolider l'assemblage. On pourrait tout aussi bien utiliser, dans le même but, une perche, qu'on brêlerait, à chaque bout, aux anneaux des becs, ou plus haut, sur la surface du radeau, aux anneaux des angles. La corde de traction s'attache au milieu de ce cordage ou de cette perche.

Pour tirer des radeaux accolés, on peut utiliser à la fois la corde de traction de chaque radeau en conservant à chacun son atelier de sapeurs. Les deux ateliers agissent de concert. C'est le meilleur procédé quand on dispose d'un nombre suffisant de cordages et que la rivière est difficile.

Dans la plupart des cas, un cordage unique de traction suffit pour le retour du transport *à vide*.

Les radeaux accolés peuvent recevoir un plancher improvisé avec des planches, des battants de portes, des rondins de moyenne dimension, etc. Ces matériaux ont sur la toile beaucoup d'adhérence et la plupart n'ont même pas besoin d'être brêlés.

Quel que soit le nombre des radeaux accolés, et qu'ils soient ou non munis d'un plancher, la disposition des hommes sur chacun des radeaux est toujours la même, mais l'embarquement et le débarquement s'exécutent uniquement dans le sens perpendiculaire au cours d'eau.

Sur les radeaux accolés, les lances peuvent être

disposées en faisceau sur la ligne de séparation de ces radeaux.

L'accolement des radeaux, et leur désagrégation surtout, se font, de préférence, à l'eau.

Transport des Harnachements.

En principe, on fait pour les harnachements des voyages spéciaux. On ne peut guère agir autrement, d'ailleurs, avec le radeau isolé.

Ce dernier ne peut en recevoir que huit ou neuf, six au-dessous sur deux rangées accolées, les autres au-dessus sur la ligne du milieu.

Deux radeaux accolés, au contraire, peuvent transborder d'un coup tous les harnachements d'un peloton. Le chargement s'exécute le plus possible en largeur.

Chargements mixtes.

Rien n'empêche de faire sur deux radeaux accolés un chargement *mixte*.

Le 11ᵉ Dragons a exécuté ainsi le passage du Gardon, la portière transportant huit hommes avec leurs armes et huit paquetages.

Sur la Saône, le 2ᵉ dragons s'est servi de deux radeaux accolés et recouverts d'un plancher très-léger maintenu par un cadre. La portière portait dix hommes équipés et les harnachements.

Le 10ᵉ Dragons a opéré de même sur l'Aveyron.

Le chargement sur trois radeaux a été expérimenté

cette année avec succès, les radeaux ne portant que des hommes ou recevant un chargement mixte.

Le 15e Chasseurs a exécuté ainsi le passage de la Marne sur des radeaux d'expériences de petite dimension. Les radeaux extérieurs portaient chacun quatre hommes avec leurs armes, celui du milieu deux hommes (un en avant, un en arrière) et les dix harnachements.

C'est également sur des radeaux accolés par trois, que le 106e de ligne a exécuté le passage de la même rivière Les fantassins peuvent être disposés comme il suit :

Cinq hommes sans sacs sur chacun des radeaux extrêmes, trois hommes sur le radeau du milieu (un à l'extrémité avant, les deux autres à l'extrémité arrière) les sacs sur le même radeau dans la partie médiane.

Le temps nécessaire à l'embarquement, lorsqu'il est fait d'une façon bien régulière, est d'environ une minute et peut descendre au-dessous. Le débarquement demande un peu moins de temps

Le système *ternaire* a été apprécié de la façon suivante par l'auteur d'un article paru dans le numéro du 15 octobre de la « *Vie au grand air* » et relatant des expériences faites à Billancourt :

« A la suite de ces expériences, on a reconnu que la manière la plus simple et la plus rapide pour faire passer une rivière à une troupe de cavalerie en campagne est celle-ci : au premier voyage, les cavaliers seuls font la traversée, cinq hommes sur chaque élément et par conséquent quinze sur le radeau proprement dit. Ces quinze hommes aideront ensuite au débarquement de leurs camarades.

« A tous les voyages suivants, on fait suivre les hommes par leurs chevaux, en ayant toujours soin d'en attacher un derrière l'appareil. Donc en un seul voyage, on peut faire passer dix hommes avec toutes leurs armes, dix paquetages complets et dix chevaux qui suivent derrière. »

Le passage *simultané* des hommes, des harnachements et de leurs chevaux pourrait évidemment s'exécuter d'une façon analogue sur deux radeaux seulement, mais à condition que ces derniers soient munis d'un plancher.

C'est une affaire *d'appréciation*. Il appartient aux expérimentateurs d'étudier les différentes manières d'opérer, de façon à tirer le meilleur parti des flotteurs, mais pour mon compte, je ne suis pas partisan du système ci-dessus quoique, en définitive, il soit le plus logique. Il réclame, en tous cas, des hommes très exercés. Je préfère celui qui consiste à faire des voyages spéciaux pour chaque catégorie.

Quoi qu'il en soit, il est indispensable que, dans chaque corps, une instruction spéciale soit rédigée, d'après le mode adopté ou le nombre des radeaux dont on dispose, de façon que les opérations puissent s'exécuter avec régularité et sans hésitation dans chaque unité.

Les indications ci-après pourraient servir de *base* :

1° PASSAGE D'UNE PATROUILLE.

Je me bornerai à signaler l'expérience faite sur la Meuse, par le 3° hussards.

Une patrouille d'un maréchal-des-logis et huit cavaliers en tenue de campagne complète est arrivée devant le passage et déroulant le radeau dont elle était pourvue, l'a gonflé avec la paille trouvée sur place.

Un des cavaliers, à l'aide d'une branche de saule servant de pagaie, a porté sur l'autre rive une corde de traction faite de cordes à fourrages bout à bout (chaque cavalier en avait 3, ce qui a donné 100 mètres, soit 50 mètres pour l'aller et autant pour le retour). On a passé alors 3 cavaliers, puis toutes les selles paquetées, et enfin les chevaux en tirant le premier. Les 4 derniers cavaliers ont exécuté le 5° voyage.

Le tout a duré une heure à peine entre le moment de l'arrivée et celui où la patrouille, ayant vidé son sac, quittait le terrain.

C'est un résultat susceptible d'être perfectionné; c'était, en effet, la première expérience de cette nature faite avec des hommes encore peu exercés à l'emploi du radeau.

En résumé, un cheval de la patrouille aurait porté, pour tout paquetage, un radeau, 2 pelles pour la pagaie [1] et deux cordes de 55 mètres;

La patrouille pouvait passer en 45 minutes sans mouiller un effet, sans déranger un paquetage.

2° PASSAGE D'UN PELOTON ISOLÉ.

Le peloton isolé peut exécuter son passage sur un radeau de la façon suivante :

---

[1] Nous avons vu que, dans bien des cas, il suffit d'une simple branche formant gaffe ou des bras d'un homme pour conduire le radeau sur la rive opposée.

La 1re escouade fait tenir ses chevaux par deux hommes de la 3e et passe sur l'autre rive. Ses harnachements passent ensuite, puis ses chevaux qui lui sont envoyés par les hommes des autres escouades.

La 2e escouade passe la moitié de ses hommes, tous les chevaux et les harnachements restants du peloton sont ensuite transbordés. Le reste des hommes de l'escouade passe ensuite.

Enfin les hommes de la 3e escouade passent à leur tour.

3° PASSAGE D'UN ESCADRON.

L'escadron est isolé et dispose de 1 ou 2 radeaux, ou bien il est avec son régiment qui ne peut franchir l'obstacle *que sur un point*, et il dispose alors de tous les radeaux du régiment.

Avant de déterminer l'ordre successif du passage des différentes fractions, voyons d'abord comment elles doivent s'embarquer sur les portières.

1° *Embarquement d'une fraction de 12 hommes sur une portière de trois radeaux.* — Les hommes, après avoir dessellé à proximité du radeau et placé leurs selles en avant des faisceaux, comme pour l'embarquement en chemin de fer, sont formés sur 2 rangs par groupes de 6 files. Chaque groupe est ensuite dirigé successivement en colonne par deux, et perpendiculairement au cours d'eau, vis-à-vis du transport.

Au signal donné par le chef de la troupe, les numéros 1, 2, 3, 4, du rang de droite, s'embarquent l'un derrière l'autre sur le radeau de droite, les numéros 1, 2, 3, 4, du rang de gauche s'embarquent sur le radeau de gauche.

Le n° 5 de la file de gauche s'embarque sur le radeau du milieu et s'assied à son extrémité avant. Le n° 5 de la file de droite monte sur le même radeau et reçoit des n° 6, restés sur la rive, les paquetages. Il les dispose sur 2 rangs de 3 selles superposées en piles de boulets. Il reçoit ensuite les armes qu'il passe aux cavaliers, puis s'assied sur le radeau, face à la rive de départ, le dos appuyé aux selles.

Les n° 6, après avoir passé les selles et les armes montent à leur tour sur les radeaux extérieurs et s'y asseyent derrière les n° 4.

Le débarquement se fait de la façon suivante : Chaque homme sort du radeau avec ses armes, va les mettre en faisceau, puis vient reprendre son harnachement des mains des cavaliers n° 5, assis, pendant la traversée, sur le radeau du milieu.

2° Embarquement d'une fraction de 10 hommes sur deux radeaux. — Les groupes sont formés de 5 files au lieu de 6. La portière reçoit les hommes, 5 sur chaque radeau (4 dans les cuirassiers ou dans l'infanterie).

On fait des voyages spéciaux pour les harnachements (1). Les chevaux, comme dans le cas précédent, d'ailleurs, sont tirés derrière la portière qui est montée seulement par 2 hommes exercés.

---

(1) Le passage des chevaux avec la selle sur le dos ne me paraît devoir être exécuté qu'en cas d'urgence absolue.

Que les portières soient constituées par 2 ou par 3 radeaux l'ordre de passage des fractions est le même

L'escadron se présente, suivant le cas, en bataille ou en colonne de pelotons, met pied à terre et desselle.

Le 1er peloton fait tenir ses chevaux par des hommes du 4e et se forme vis-à-vis du transport par fractions de 12 ou 10 cavaliers qui sont embarqués avec ou sans leurs harnachements, comme il vient d'être dit. Ses chevaux lui sont envoyés aussitôt après.

Le 2e peloton embarque sa 1re fraction. Tous les chevaux du peloton passent ensuite. Ils sont reçus à l'arrivée par les hommes disponibles du 1er peloton et la partie du 2e déjà transbordée. Le reste du peloton passe ensuite.

Le 3e peloton opère de la même façon. Derrière lui sont lancés les chevaux du 4e peloton.

Le 4e peloton embarque enfin ses hommes et ses harnachements par fractions successives.

Dans le cas où le point de passage ne permettrait pas de lancer ensemble tous les chevaux d'un peloton, on fractionnerait le peloton de chevaux en 2 demi-pelotons qui passeraient après les 1re et 2e fractions.

Si l'on dispose d'un radeau isolé, on l'utilise uniquement au passage des chevaux ; les hommes et les harnachements sont transbordés sur la portière.

Quand deux portières opèrent l'une à côté de l'autre à intervalle rapproché, on ne les met pas en mouvement simultanément ; l'une part, l'autre revient dès que la première a touché la rive opposée.

Je n'ai pas parlé du dispositif à adopter pour protéger un passage de rivière. C'est une opération de service en campagne comme une autre. Aucune règle précise ne peut donc être tracée ; tout dépendant, comme toujours, du terrain et des circonstances.

En général, une fraction à pied, bien postée sur la rive *de départ*, suffira pour surveiller en toute tranquillité l'horizon et pour éloigner, sur les deux rives, à l'aide de ses carabines, les *indiscrets*.

En transbordant la troupe par fractions constituées, on donne la facilité à ces fractions de resseller aussitôt et de se tenir prêtes à combattre. Mais on agira bien, quand on pourra le faire sans craindre une surprise, d'attendre pour faire resseller que toute l'unité soit passée sur l'autre rive. **On** peut disposer ainsi d'un plus grand nombre d'hommes pour recevoir les chevaux des différentes fractions.

Si l'on avait besoin de suite sur la rive opposée d'un peloton à cheval (placement de postes ou toute autre opération) il serait préférable d'attendre que ce peloton fût en selle avant de faire passer les autres pelotons.

Diverses.

Si l'on voulait constituer sur un cours d'eau moyen, ou sur un canal, une passerelle pour le passage *continu* des unités, il faudrait, pour empêcher les chevaux qui nagent en aval de s'engager entre deux radeaux, relier de ce côté tous les becs entre eux par un cordage ou une ligne de perches, à partir de l'endroit où les chevaux perdent pied.

L'intervalle à observer entre chaque radeau dépend naturellement de la force des échelles, mâts, poteaux télégraphiques, ou troncs d'arbres qui les relient entre eux.

Un seul radeau paraît être suffisant, avec un tablier léger, pour franchir un canal ou un cours d'eau analogue. En effet, la résistance *pratique* d'un radeau peut être estimée, en toute sécurité, à 500 kilos et il n'enfonce guère que de moitié sous ce poids.

Si l'on se sert de plusieurs radeaux, on les dispose, suivant le cas, soit à distance l'un de l'autre, soit réunis au milieu du cours d'eau.

QUESTION DU GROS MATÉRIEL. — TRANSBORDEMENT
D'UNE VOITURE.

A mon avis, la question du transbordement des voitures doit être considérée comme tout-à-fait secondaire : L'obligation n'apparaît point de transborder *d'urgence*, avec les moyens de fortune, nos lourds fourgons.

Toutefois, il est bon de se ménager la facilité de se faire suivre, le cas échéant, des voitures légères du train de combat (ambulance, télégraphie, voiture de compagnie), et *mêmes de quelques pièces des batteries à cheval*.

J'ai toujours pensé que ces transbordements pouvaient s'exécuter sur une portière de quatre de mes radeaux, munie d'un plancher quelconque.

Un détachement du génie vient de faire faire un grand

pas à cette question en effectuant le transbordement d'une voiture de compagnie sur un cours d'eau de 80 mètres de largeur. Le chargement s'est fait d'abord sur une berge basse, puis sur une berge escarpée, avec une grande facilité

La portière, manœuvrée par deux sapeurs armés de gaffes, a pu évoluer aisément sur le cours d'eau.

Il ne me reste plus à essayer que le chargement et le transbordement d'une bouche à feu. Je continue à croire à la possibilité de l'opération, surtout avec les pièces actuelles qui offrent peu de *superstructure*

À l'artillerie de la tenter ....

Les voitures légères à 2 roues peuvent être transportées, *vides*, sur une portière de 3 radeaux seulement munie d'un tablier improvisé avec des planches, une porte de grange, d'écurie, ou 2 petites portes. Disposer la voiture les roues parallèles aux planches, de manière que ces dernières placées directement sous les roues s'enfoncent un peu et empêchent tout glissement transversal du véhicule.

C'est dans cette position que la stabilité paraît la meilleure.

Sur une berge basse, on fait rouler la voiture, à reculons, sur 2 planches suffisamment solides et reposant par l'une de leurs extrémités sur la berge, par l'autre extrémité vers le milieu du radeau. La voiture est accompagnée dans son mouvement par une ou deux cordes de retraite attachées à l'essieu.

Dès qu'elle est en place, on la cale et on la dispose

les brancards en l'air. Au besoin, un homme s'assied sur le derrière de la voiture pour l'empêcher de basculer.

Pendant ce temps, le radeau est maintenu ferme contre la rive par les cordages de traction enroulés, s'il est nécessaire, autour de piquets.

Sur une berge escarpée, on opère de la même façon, mais il n'est pas nécessaire de faire rouler la voiture sur des planches. On la descend sur le radeau directement en modérant le mouvement de descente à l'aide de cordes de retraite.

L'essai avec une voiture chargée n'a pas été fait. Je ne saurais donc être aussi affirmatif de ce côté. En tous cas, et jusqu'à plus ample informé, on ne devra le tenter que sur une portière de 4 radeaux.

INFLUENCE DU COURANT SUR LE RADEAU

Jusqu'ici, je n'ai opéré en troupe que sur la Marne avec un courant très faible et je n'ai fait qu'une expérience personnelle sur un bras de la Loire dans un courant de 1 mètre 50 environ et sur une largeur de 80 mètres.

Le radeau s'y est bien comporté ; cependant la pression du courant sur le cordage de traction, qui immergeait derrière moi sur cette longueur, fut telle que je dus faire des efforts pour aborder, tant à l'aller qu'au retour, d'autant plus que le cordage employé était d'un diamètre double de celui des cordes à fourrage.

En pareil cas, on agirait bien, je crois, pour ne pas

trop limiter l'emploi du système de « va et vient », en garnissant le cordage, de distance en distance, de petits flotteurs (bouchons de liège ou morceaux de bois) permettant de soutenir cette corde et de la soustraire ainsi, le plus possible, à la masse d'eau.

Il paraît utile, en outre, d'opérer un peu en oblique d'amont en aval.

Le 9e Hussards a complété cette expérience en opérant sur la Durance avec un courant de 2 mètres à la seconde. Le radeau n'est guère fait pour de pareils rapides. Il ne faut même pas, dans ce cas, l'employer isolément, et l'obligation de se servir de radeaux accolés s'impose.

Le système devient alors inchavirable, tout en restant très-léger. Je dirai quelques mots de ces expériences, à cause des enseignements qui en ont découlé.

Un escadron a exécuté sur la Durance le passage de 3 bras.

1° Passage de 60 mètres de largeur avec un courant de 2 mètres, par le halage sur une cinquenelle tendue d'une rive à l'autre. L'avant plongeait dans l'eau, et il fallut faire reculer un peu les hommes sur le radeau. L'homme de tête seul, du côté de la cinquenelle, se halait et il devait tenir bon !

2° Passage de 20 mètres avec courant ordinaire. Emploi des cordes de va et vient. Rien à signaler.

3° Passage de 50 mètres avec un courant de 2 mètres sur toute la largeur. Encore le va-et-vient. Le courant poussait facilement les radeaux de l'autre côté, mais la courbe décrite était très ample ; les radeaux *donnaient du nez* dans le courant et *embarquaient*. Il fallait beaucoup *de doigté* de la part des sapeurs pour éviter le chavirage.

Ce système réclame en outre beaucoup de cordages. La corde de traction elle-même avait dû être composée de 4 cordes à fourrage juxtaposées.

C'était prudent dans ces conditions *exceptionnelles*.

Sur ces grands courants, l'emploi des radeaux en *Ponts-Volants* me paraît possible, si l'on peut se procurer des cordages suffisants. Mais je ne puis donner là qu'une *indication*, n'ayant fait aucune expérience sous ce rapport.

L'inclinaison exigée de la portière serait obtenue par une godille improvisée fixée à l'arrière et servant de gouvernail. Peut-être, d'ailleurs, cette inclinaison s'obtiendrait-elle naturellement en fixant la corde de retenue par une *boucle*, au lieu de la fixer par un nœud. Cette boucle en glissant jusqu'au radeau *interne* pourrait donner à la portière une position en *losange* probablement très-favorable.

C'est à expérimenter, ainsi que le passage en *traille*, dans les corps qui disposent, comme le génie, du matériel nécessaire.

Le *Cours spécial des ponts militaires* du 17 octobre 1888 donne toutes les indications voulues pour l'établissement des *Ponts-Volants*.

Dans un article consacré aux expériences sur la Durance, le « *Petit Marseillais* » exprimait l'opinion que sur des rivières aussi torrentielles les principales qualités des radeaux devenaient des défauts, d'autant plus que l'absence de plats bords autour du flotteur laisse les soldats sans protection.

Je réponds qu'en pareil cas, on pourrait très bien employer le procédé dont se servaient les habitants des bords du Tigre et de l'Euphrate.

Nous avons vu qu'ils bordaient les plates-formes de leurs radeaux de petits fagots d'osier d'un demi-pied de diamètre. On obtiendrait le même résultat avec des fascines de paille ou de branchages qu'on fixerait aux anneaux, un peu *extérieurement*.

Autre observation : on a remarqué que dans certains mouvements, les radeaux *donnaient du nez* dans le courant et *embarquaient*. Cet inconvénient, dont il ne faut cependant pas trop se préoccuper, peut être évité par le système de fermeture que M. le colonel Rollet, commandant le 106ᵉ de ligne, a imaginé pour les radeaux qu'il a fait construire (1).

Cette fermeture se compose d'un petit rabattement en toile cousu tout autour de l'ouverture. Quand on a lacé cette ouverture, on dresse perpendiculairement en face l'un de l'autre les deux rabattements, puis on les enroule ensemble jusqu'au bas où ils sont maintenus par deux petites courroies.

Le colonel Rollet estime en outre, qu'au point de vue de la résistance qu'offre l'eau à la traction du radeau, il conviendrait, dans certains cas, de séparer les appareils à l'aide de cales, longrines ou fascines, suspendues aux anneaux de côté. Cela pourrait faciliter l'écoulement de l'eau entre eux.

(1) Une couverture, une planche, etc... placées sur les ouvertures sont également à même de s'opposer très suffisamment à l'introduction de l'eau dans le radeau.

OBJECTIONS PRÉSENTÉES.

Les objections principales qui se présentent naturellement et qui m'ont été faites peuvent se résumer ainsi :

I Composition du radeau.

Le radeau, composé d'une seule toile, se trouve à la merci d'un piquet...

L'objection n'était pas sans valeur. Je crus avoir trouvé aussitôt le remède en disposant dans l'appareil deux bandes de toile formant, à l'intérieur, 3 cloisons étanches. Puis je réfléchis qu'il était bien inutile d'augmenter le poids pour un cas plutôt extraordinaire. Ce serait un incident au milieu de tant d'incidents, un accident même au milieu de tant d'autres ! En somme on inspecte et on prépare toujours un peu les rives avant le passage, et des piquets au milieu d'un courant ne sont pas loi commune...

Encore ces piquets, à moins qu'ils ne soient en fer, glisseraient-ils très probablement sur la toile en la soulevant sans la lacérer.

D'un autre côté, je me représentai que les canots de toile de la marine étaient constitués de la même façon.

Si l'on ne rencontre pas des piquets dans la mer, on y peut rencontrer une épave, un récif, un espadon peut-être au dard acéré ! Enfin le plus solide cuirassé s'endommage sur un écueil....

Voulant en avoir le cœur net, je fis en 1897 devant le 106ᵉ de ligne l'expérience suivante :

J'éventrai un de mes radeaux sur une longueur d'environ 0.20, puis je le trouai de coups de couteau et le lançai au milieu de la Marne avec trois nageurs dessus.

On s'attendait à le voir couler rapidement. Mais au bout d'un quart d'heure, le radeau flottait sous son poids sans enfoncer, les fétus de paille formant autant de flotteurs minuscules, composés eux-mêmes de plusieurs cloisons étanches. — On l'amena dans un coin. Deux heures après, à notre départ, il flottait encore, insensible à des ouvertures qui eussent fait couler un bateau en quelques instants.

Je viens de renouveler, devant une Commission, cette expérience de lacération de la toile. Chargé de six hommes et observé pendant environ dix minutes, le radeau n'a manifesté aucune velléité de sombrer.

Les choses se passeraient-elles ainsi avec *tous* les autres matériaux légers ? Cela dépendrait naturellement de leur densité.

En tous cas, nous tombons là tout-à-fait dans l'exception, les éléments autres que la paille étant déjà l'exception.

L'expérience suivante, qui vient d'être faite dans un régiment, est bien de nature à rassurer, de ce côté, les plus timorés :

Un radeau, largement lacéré par dessous en plusieurs endroits, et dont on décousit, en outre, *toutes les pièces de la partie inférieure*, fut soigneusement bourré de feuilles.

Mis à l'eau et chargé de cinq hommes, on le laissa dans cette situation pendant cinq minutes, c'est-à-dire le temps de traverser cinq fois un cours d'eau de 50 mètres de largeur !

Au bout de ce temps, il commençait à peine à enfoncer et portait toujours gaillardement ses hommes...

On peut donc conclure de ces expériences que, dans un passage de rivière, on aurait toujours le temps, en cas d'avaries déjà problématiques, de ramener le flotteur à la rive, sans avoir à redouter un accident de personnes.

Si l'on retourne un radeau en bon état, ses deux larges ouvertures plongent naturellement dans l'eau qui semble pouvoir y pénétrer à flots. Il n'en est rien. Elles n'en laissent entrer qu'une partie relativement peu considérable. L'air gonfle la surface supérieure du radeau, l'arrondit, et le transforme en bouée. Les hommes pourraient donc encore s'y raccrocher en cas d'accident, pendant qu'on le ramènerait à la rive. Quand on le replace dans sa position normale, il penche plus ou moins de côté sous le poids de l'eau absorbée, mais si l'on remonte dessus, l'air est refoulé, et l'appareil se remet d'aplomb.

2° QUESTION DE TRANSPORT.

En ce qui concerne l'infanterie, la question est toute résolue ; la place du radeau est sur la voiture de compagnie où on peut l'arrimer, ai-je-dit, sur le siège du conducteur. On pourrait encore le rouler et le suspendre, comme une pelle, aux parois extérieures de la voiture.

En prévision d'une opération à distance sans les voitures, il serait porté en sautoir par un homme débarrassé de son sac ou allégé. On doit prévoir, naturellement, pour l'infanterie, une augmentation de poids résultant d'un approvisionnement qui pourrait être, par compagnie, de deux rouleaux de cordages de 0^m 08 et de 55^m de longueur chacun. Il faut, en effet, pouvoir échapper à l'obligation de rechercher et de réquérir des cordages plus ou moins pratiques.

Au reste, les officiers de cette arme semblent disposés à accepter, pour le radeau et ses accessoires, tout poids ne dépassant pas celui d'un sac paqueté de fantassin.

En ce qui concerne la cavalerie, et étant donnés les services que peut rendre l'appareil, 6 kilos ne représentent pas un poids extraordinaire. Les sapeurs, les infirmiers, les télégraphistes portent une surcharge qui n'empêchera pas leurs chevaux de galoper avec les autres. C'est cependant sur cette question-là que la critique semble s'exercer davantage.

Pour mon compte, je regarde comme indispensable que le radeau soit porté en permanence par un aide-sapeur. Rien n'empêche cependant, si l'on ne croit pas devoir se ranger à cette opinion, de le transporter sur les voitures du train de combat. Il n'y aurait qu'à prévoir, comme pour les télégraphistes, l'arrimage éventuel sur un cheval.

Dans tous les cas, le radeau serait confié à un cavalier choisi *parmi les plus légers*. J'ai rencontré, dans un peloton, un homme qui pesait 59 kilos alors que son maréchal-des-logis en pesait près de 80 ! Cet homme était tout indiqué comme aide-sapeur, et son cheval aurait encore porté 15 kilos de moins que celui du sous-officier.

Enfin, la question d'un cheval conduit en main, et portant, *par escadron*, le matériel de pontage, des cordages, et *tous les outils de sapeurs*, serait peut-être à examiner...

3° Déchirures possibles par les éperons.

Cette question ne m'a jamais préoccupé. Je me sers, depuis plusieurs années, des mêmes radeaux, sans plancher. Bien des paires d'éperons les ont déjà foulés sans leur porter grand préjudice. Un petit trou par ci par là, la toile du dessus étant plus légère que celle du coffre, il n'y a pas lieu de s'en inquiéter ; il n'est pas nécessaire de faire quitter les bottes ou de moucheter les éperons. Le radeau se répare, quand on en a le temps, avec la toile à panneau si l'on n'en a pas d'autre, mais autant que possible avec du fil *poissé*, en ce qui regarde surtout les parties plongeant dans l'eau.

Néanmoins, en instruction, il n'est pas interdit d'envisager le côté économique. On peut recouvrir le dessus de l'appareil de vieilles couvertures retombant sur les côtés. En temps de paix d'ailleurs, il est toujours facile de se procurer des planches, des claies, des rondins.

Mon premier radeau, fait en toile ordinaire, me sert depuis 5 ou 6 ans. Il a subi toutes sortes de heurts, de manipulations, de frottements, de modifications, des déchirures accidentelles ou volontaires, une application, à titre d'essai, de goudron rendant les réparations plus difficiles Ce vieux serviteur n'est pas encore hors de service quoi qu'il soit rapiécé comme le manteau d'Arlequin ....

Si des radeaux d'instruction, faits de toile médiocre, peuvent durer aussi longtemps, on peut avoir confiance dans la résistance des radeaux neufs, en toile spéciale, qu'on emporterait en campagne.

4° Question du gonflement.

« Trouverez-vous toujours, m'a-t-on-dit, de la paille pour gonfler vos radeaux ? »

« J'en trouverai autant que vous pour gonfler vos sacs à distribution », ai-je répondu.

Évidemment, la paille ne sera pas là, toute préparée sur les rives comme en garnison ; ce serait véritablement trop commode, mais je la trouverai à quelque distance. On sait bien à l'avance que l'on rencontrera tel ou tel cours d'eau. De la dernière ferme ou du dernier **village**, on fera conduire en voiture la paille nécessaire. Ou bien, chaque cavalier en chargera un petit bottillon sur son cheval. L'infanterie agira de même, chaque fantassin se chargeant d'une poignée de paille, comme il sait se charger, à l'occasion, d'un petit fagot de bois pour faire son café....

S'il s'agit d'une patrouille, d'une pointe d'officier, la distance à parcourir, pour atteindre le cours d'eau, ne sera jamais si considérable que chaque cheval ne puisse être chargé, momentanément, même d'une botte de paille complète.

Un pays sera déjà bien ruiné, où l'on ne trouvera plus de paille pour les bivouacs, ni de fourrages pour les chevaux.

S'il en est ainsi, on aura recours aux autres matériaux légers qui, sous une forme ou une autre, ne feront jamais défaut.

Parmi tous ces matériaux je n'ai encore expérimenté que les feuilles, les genets et les roseaux. Il n'y a pas de raison pour que les autres matériaux légers ne donnent pas, eux aussi, de bons résultats.

OBSERVATIONS GÉNÉRALES.

La toile tissée *spécialement* pour le radeau est très-rustique, et assez imperméable pour pouvoir rester plusieurs jours à l'eau, au cas où l'on voudrait construire un moyen de passage fixe pour des exercices devant se prolonger.

Quelques expérimentateurs ont signalé, et j'ai constaté moi-même, la pénétration dans les radeaux d'une certaine quantité d'eau. Cette infiltration, quelquefois assez abondante, s'est faite surtout par les coutures piquées à points trop espacés. Des instructions ont été données pour faire disparaître cet inconvénient.

Si l'on suspend un radeau neuf et qu'on verse dedans quelques seaux d'eau, celle-ci vient bientôt perler sur la toile à l'extérieur. Des gouttes se forment et tombent, fournissant en quelques heures 2 ou 3 litres d'eau.

La filtration diminue ensuite peu à peu, sans arriver cependant à cesser complètement. Avec des toiles *desséchées* et ayant quelque usage, l'eau s'échappe d'une façon beaucoup plus sensible ; les fils de la toile ont diminué de volume, comme les fibres de bois des bateaux ou tonneaux retirés de l'eau depuis longtemps. Mais si l'on plonge le radeau dans un baquet pendant *une minute*, pour bien le tremper à l'intérieur et à l'extérieur, il reprend aussitôt son imperméabilité première.

Si donc, les toiles ont fait un long séjour en magasin, on devra les tremper, comme il vient d'être dit, *avant de les gonfler.*

De toutes façons, il faut toujours s'attendre à trouver dans le radeau, après les exercices, un ou deux litres d'eau et le dessous de la paille plus ou moins humide. Il n'y a pas lieu de s'en préoccuper : la flottabilité sera tout simplement diminuée de quelques kilos. Trouve-t-on, d'ailleurs, sur les rivières beaucoup de bateaux à fonds complètement secs ?

Mais si une infiltration plus grande se produisait, il faudrait explorer les coutures, en dehors d'abord, puis en dedans en retournant la toile pour trouver les parties qui se seraient distendues (1).

Dans les exercices de longue durée, si les radeaux n'entrent pas dans la constitution d'une passerelle fixe,

---

(1) Toutes ces observations visent les radeaux fournis en 1899. Le modèle 1901 a subi des modifications de nature à faire disparaître à peu près complètement ces quelques défauts. Les points d'attache des cordes de traction ont en outre été placés au bas du bec dans le but de le relever un peu pendant la traversée.

on peut les tirer sur la berge chaque soir, sans changer la paille. On en remet un peu, au besoin, dans les parties trop tassées, les becs, par exemple, que les hommes en débarquant sur des rives basses finissent par écraser plus ou moins. Or, il est nécessaire que ces becs conservent leur hauteur, si l'on ne veut pas voir les appareils *embarquer*.

Cet *embarquement* peut se produire aussi quand les radeaux sont plus chargés *qu'il n'est indiqué* et surtout dans les courants. Les hommes sont alors un peu mouillés et s'inquiètent.

Une certaine quantité d'eau peut en outre s'introduire par les ouvertures quand les radeaux, dans des mouvements de redressement, *donnent du nez* dans le courant.

La fermeture imaginée par M. le colonel Rollet peut trouver là son utilité. Elle s'oppose à l'entrée de l'eau, puisqu'elle est assez hermétique pour que le radeau puisse fonctionner étant à l'envers, c'est-à-dire le dessus en dessous.

L'expérience sur les toiles trop sèches, dont j'ai parlé tout à l'heure, appelle l'attention sur les procédés de conservation qu'il conviendrait d'adopter vis-à-vis des radeaux. La toile a besoin de quelques soins : il ne faut pas, après s'en être servi, la déposer inconsidérément, tout humide, dans un local quelconque et l'y laisser jusqu'à l'année suivante. J'étudierai, s'il y a lieu, un procédé qui, tout en conservant à la toile sa souplesse, sera de nature à en boucher davantage les pores.

En attendant, il n'est pas inutile de connaître les

procédés allemands, facilement applicables dans quelques-unes de leurs parties : je les copie dans la « *Revue de cavalerie* » du mois d'octobre dernier :

« *Les Faltbote*. — L'instruction sur les travaux de la cavalerie en campagne a été récemment modifiée en ce qui concerne la conservation des *Faltbote*, bateaux pliants en usage dans la cavalerie. Des recommandations faites à ce sujet, nous relevons ce qui suit :

« La toile des bateaux utilisés aux manœuvres doit être enduite tous les ans d'une couche aussi mince que possible d'un vernis spécial et les parties en bois d'une couche de peinture. Les bateaux sont placés dans des locaux secs et aérés, aussi abrités que possible des variations atmosphériques. Si les locaux le permettent, on déplie les bateaux. Si, faute d'espace, ils doivent rester pliés, il faut, une fois par mois, les sortir par un temps favorable et les laisser une journée en plein air. »

Je conseille de faire ajouter à chacun des anneaux des angles une petite cordelette de 0.70 environ de longueur, grosse comme le doigt, et nouée en 2 ou 3 endroits. Cette cordelette peut servir à retenir les radeaux contre la rive pendant l'embarquement et le débarquement, à recueillir des hommes à l'eau, etc.

On peut encore installer de chaque côté, dans le même but, une corde à fourrage courant en *guirlande* d'un anneau à l'autre. Ce système paraît même préférable au précédent, mais les hommes doivent avoir l'attention de ne pas s'accrocher dans ces cordes par leurs éperons.

Un autre perfectionnement consiste à fixer d'une façon

permanente aux deux becs une corde, longue d'environ 2 mètres qui serait utile pour l'accouplement rapide des radeaux. La corde A passerait en B et serait ramenée en C. La corde B passerait en A et serait également ramenée en C. Les deux cordes étant ainsi bouclées au point C, on aurait un cordage double au milieu duquel on pourrait fixer la corde de traction.

Je n'ai pas pourvu les radeaux de ces perfectionnements qui ne sont pas en somme indispensables.

Ils donnent une augmentation de poids devant laquelle j'ai reculé pour la cavalerie. Ils restent donc facultatifs, mais l'infanterie ne doit pas hésiter à en munir les appareils.

Toutes ces cordelettes, ainsi que les cordes de traction, seraient utilement passées à l'huile lourde de houille qui les rend imputrescibles.

Pour passer les cordages à l'huile lourde de houille, on les trempe dedans lorsqu'ils sont absolument *exempts d'humidité*. On les fait ensuite sécher à l'air libre. Il faut s'assurer que l'huile n'est pas acide, ce qui pourrait attaquer le textile. On trouve d'ailleurs, dans le commerce, des cordages ainsi préparés.

On remarquera que le coffre du radeau est en toile spéciale et le dessus en toile ordinaire. Cette disposition a été prise pour diminuer un peu le poids et favoriser le repliement de la toile.

L'appareil est confectionné d'une façon très-solide. Néanmoins, il doit être l'objet, dans son maniement, de quelques égards. Le remplit-on, par exemple, au quartier, pour le transporter au point de passage sur une voiture, il faut le soulever à bras pour l'en sortir, et non le tirer violemment comme je l'ai vu faire à des sapeurs indifférents. Il peut s'accrocher à quelque ferrement et se déchirer.

Quand, après une opération, on veut le rouler, il faut : 1° Le passer à l'eau pour enlever la boue dont il est maculé. 2° L'étendre sur la paille ou sur les roseaux dont il était rempli, et non le rouler sur la terre nue où il s'imprime de graviers.

En toutes circonstances, on doit éviter de le *traîner* par terre. Pour le soulever, on le saisit à plat par dessous et non par les anneaux du côté qui ne sont pas faits pour cela.

Si l'on était obligé de construire une portière sur la rive ou de la tirer toute entière hors de l'eau, il faudrait s'efforcer, surtout si les berges sont escarpées, de faire glisser cette portière sur des rondins.

J'en ai fini avec le *radeau-sac*.

Sans représenter l'idéal, dont il est, hélas, bien loin, il peut, je crois, supporter la comparaison avec tous les moyens de fortune employés jusqu'ici.

Les expérimentateurs l'ont trouvé rustique, stable, léger, se comportant bien mieux sous une passerelle ou dans un courant que tout autre radeau fait avec des sacs. Facile en outre à réparer et à transporter.

Sur la Saône, large de 85 mètres, le capitaine instructeur du 2ᵉ dragons a pu en 25 minutes remplir un radeau, le mettre à l'eau, tendre une cinquenelle, établir un va et vient et faire une première traversée de 5 hommes

Son rendement est relativement considérable, son poids insignifiant, environ un kilogr. par homme transporté.

Dans ces conditions, et *en attendant mieux*, le radeau me paraît capable de rendre de précieux services dans les différentes armes.

FIN.

30e d'infanterie à Blois. — Remplissage des radeaux.
(Photographie de M. Heron, Lieutenant au 32e territorial.)

30e d'infanterie à Blois. — Le transport des radeaux construits sur chacune des rives.
(Photographie de M. Heron, Lieutenant au 32e territorial.)

Excursion sur le Canal à Épernay. — Manœuvre à la perche
Photographie de M. le Capitaine [illisible]

Excursion à Épernay. — [illisible]
Photographie de M. le Capitaine [illisible]

Centre de ... sur l'Aisne. — Essai de la résistance du radeau.

31e Dragons, sur le Canal à Épernay. — Embarquement des hommes
dans le sens parallèle au cours d'eau.
Photographie de M. le Capitaine Bouquin Laville.

31e Dragons sur le Canal à Épernay. — Cavaliers sur le radeau,
les casques sur les cuisses, les lances en travers.
(Photographie de M. le Capitaine Bouquerin Baville.)

Placement de fantassins, avec sacs et armes, sur le radeau isolé.

2° Cuirassiers, sur la Seine à Billancourt. — Embarquement des hommes
sur deux radeaux.
(Photographie de M. Lasseur, à Paris)

(Phot. de M. Lasseur.)
2° Cuirassiers, à Billancourt. — Transport du harnachement sur deux radeaux.

31e dragons, à Épernay. — Embarquement de 15 hommes sur 3 radeaux.

(Photographie de M. le capitaine Rougevin-Baville.)

1er chasseurs, sur la Marne à Châlons. — Embarquement d'hommes
et de harnachements sur trois radeaux.

(Photographie de M. le chef d'escadrons Wolf-Marchau.)

3e dragons sur le canal à Épernay. — Embarquement sur 3 radeaux, les harnachements
et le faisceau de lances sur le radeau du milieu

(Photographie de M. le capitaine Rouquerin Gauville.)

2e Cuirassiers à Ballancourt. — Hommes et harnachements sur trois radeaux.

(Photographie de M. Lassere, à Paris.)

Passage de la Marne à Châlons. — État d'une portière de 3 radeaux après le passage des 4 escadrons du 15e chasseurs et de 700 hommes du 106e de ligne.

(Photographie de M. Laureau, Lieutenant au 155e de ligne.)

Sur le canal à Épernay. — Un plancher sur trois radeaux.

(Photographie de M. le capitaine Roubaud in Bouillé.)

Manœuvre à la gaffe, par une équipe de pontonniers, d'une portière de 3 radeaux
et contre du cours d'eau

Le Chasseurs sur la Marne. — Petit bateau d'instruction servant à la traction
de chevaux conducteur

Les chasseurs sur la Marne à Châlons. — Groupe de chevaux
suivant un conducteur tiré par le radeau.

(Photographie de M. le chef d'escadrons Wolf (berlin).)

Passerelle par radeaux successifs.

Transbordement d'une voiture de compagnie sur 3 radeaux.

DU MÊME AUTEUR :

MANUEL pour servir à l'instruction du *Sapeur de Cavalerie
et de tous les Grades de l'Arme* pour l'exécution des
travaux en campagne. (R. Chapelot et Cie, éditeurs. Paris.)
Prix : **2** fr. **50**.

www.ingramcontent.com/pod-product-compliance
Lightning Source LLC
LaVergne TN
LVHW021855170726
843503LV00003B/1233